I0001754

# PETIT

# DICTIONNAIRE

## DES INVENTIONS.

EPERNAY, IMPRIM. DE WARIN-THIERRY.

Contraint par l'inflexible Nécessité, l'Homme trouva d'abord ce qu'exigeait le soin de son existence; il dut le reste à son Génie.

# PETIT
# DICTIONNAIRE
## DES INVENTIONS,

OU

ÉPOQUES ET DÉTAILS DES PRINCIPALES
DÉCOUVERTES DANS LES ARTS, LES
SCIENCES ET LES MÉTIERS.

*Ouvrage destiné à l'Instruction et à
l'Amusement de la Jeunesse.*

SECONDE ÉDITION.

# PARIS,

A LA LIBRAIRIE D'ÉDUCATION
## DE PIERRE BLANCHARD,
Galerie Montesquieu, n° 1, au premier.

1820.

# PRÉFACE.

Nous croyons qu'un ouvrage tel que celui-ci ne sera pas sans utilité pour l'éducation, et qu'il aura le double avantage d'offrir une lecture aussi agréable qu'instructive. L'histoire des inventions humaines, qui tient à celle de la civilisation, est en quelque sorte aussi intéressante que celle des événemens, et mérite peut-être d'être étudiée avec le même soin ; elle est également propre à faire naître des réflexions utiles, sans avoir rien qui attriste l'âme ; elle est, sur-tout, propre à exciter le génie nais-

sant de la jeunesse, et, en montrant ce
que l'homme a pu faire jusqu'à présent,
elle laisse, pour ainsi dire, soupçonner
ce qu'il pourra faire à l'avenir. Si l'histoire des peuples présente à notre admiration de grands rois, d'illustres capi-
taines et de sages législateurs, l'histoire
des inventions désigne à notre reconnoissance les hommes qui ont travaillé
à la conservation de nos jours, à notre
bien-être et même à nos jouissances ; et
les noms de ces bienfaiteurs de l'humanité doivent être rappelés avec honneur ;
il est même bon de les rendre familiers
aux jeunes gens : c'est leur inspirer le
désir d'acquérir une gloire semblable, et
leur faire sentir combien il est beau et

digne d'un être raisonnable d'employer son travail et son intelligence à l'avantage de la société.

Cet ouvrage, d'après sa destination, ne devoit contenir que l'histoire des principales inventions ; il étoit inutile d'entrer dans de trop grands détails, et de parler d'une multitude de prétendues inventions nouvelles, qui ne sont que la contrefaçon ou le perfectionnement des anciennes.

Quoique ce livre soit le premier de ce genre que l'on ait destiné à l'éducation, nous ne devons pas nous en faire un grand mérite : les matériaux étoient abondants, et pour ainsi dire vulgaires ; l'*Encyclopédie* et les nombreux ouvrages

que l'on a écrits sur les arts et les métiers, étoient comme de vastes magasins
d'où nous pouvions sans peine tirer ce
qui nous étoit nécessaire : notre travail
a été de choisir, d'analyser, de rédiger
et d'écarter tout ce qui avoit une appa-
rence trop scientifique.

# PETIT
# DICTIONNAIRE
## DES INVENTIONS.

## A

ACADÉMIE. Réunion d'hommes de lettres, de savants ou d'artistes, autorisée par le gouvernement. Ce nom vient de celui du lieu où Platon réunissoit ses disciples, et qu'un certain *Académus* lui avoit donné. Ce lieu étoit un jardin charmant, situé dans un faubourg d'Athènes ; on y trouvoit des fontaines, des allées d'arbres, et un bois consacré à Minerve : ce beau jardin fit donner le nom d'académie à l'école de Platon, et par suite aux assemblées des littérateurs et des savants. La plus ancienne académie, ou réunion de savants, en France, est celle que Charlemagne forma dans son palais par les conseils d'*Alcuin* : elle étoit composée

1*

des plus beaux génies de la cour. L'empereur lui-même, par amour pour les lettres, et sans doute pour leur donner de l'éclat, étoit membre de cette société, sous le nom de David ; Alcuin avoit pris celui de Flaccus ; un jeune seigneur nommé Angilbert choisit celui d'Homère, et Adelard, évêque de Corbie, celui d'Augustin. Ce retour des lumières ne fut que comme un éclair : la barbarie que le grand Charles avoit voulu repousser, revint avec une nouvelle furie, et couvrit toute l'Europe jusqu'au XII° siècle, où elle commença à se dissiper un peu. Dans le siècle suivant, l'*académie* de Florence fut fondée par *Bruneto Latini*. L'académie de Rome donna une couronne poétique, vers 1453, à un certain *Androlini*; mais dans le XVI° siècle, les académies se multiplièrent en Italie, et plusieurs prirent des noms singuliers, tels que : l'*académie des insensés*, l'*académie des extravagans*, celle *des hétéroclites*, celle *des endormis*, celle *des lourdauds*, celle *des opiniâtres*, celle *des furieux* et celle *des humides*, dont les membres étoient surnommés le *trempé*, le *bourbeux*, le *gelé*, le *brochet*, le *trouble*, etc.

L'*académie française* fut établie par lettres-patentes du mois de janvier 1635.

enregistrées le 10 juillet 1637. Les progrès des lumières et les efforts des savants pour porter notre langue et notre littérature à leur perfection, avoient fait sentir la nécessité de réunir les hommes distingués par leur savoir et leur esprit. Gaston, duc d'Orléans, frère de Louis XIII, faisoit tenir chez lui de savantes conférences où l'on arrivoit préparé sur les matières qu'il avoit indiquées; et un simple particulier, *Conrart*, recevoit dans sa maison ses amis, qui étoient les hommes les plus éclairés de ce temps, pour y parler des belles-lettres. Ce fut cette dernière société qui servit à former l'académie. Le cardinal de Richelieu, qui aimoit les sciences, et qui avoit les vues d'un grand ministre, autorisa cette société à se former sous les auspices du gouvernement. Dès 1634, les académiciens tinrent leurs assemblées dans la maison du chancelier Seguier. Après sa mort, ils se réunirent dans une salle du Louvre que leur donna Louis XIV. Patru, célèbre orateur du XVIIᵉ siècle, est le premier qui fit, à sa réception à l'académie, en 1640, un discours de remerciement. Cette nouveauté fut si agréable à l'académie, qu'elle ordonna que tous ceux qui seroient reçus suivroient cet exemple. Balzac, par amour pour notre langue, qu'il cultiva toujours avec le plus grand soin, fonda un prix annuel du discours : cet établissement eut lieu, pour la première fois, en 1671.

ACCENTS. Les accents servent à régler les sons de la voix, ou à modifier celui des lettres. La langue grecque est hérissée d'*accents* ou *esprits*, qui quelquefois fixent le sens des mots : on en fait remonter l'usage jusqu'à la 140e olympiade. Dans l'écriture latine, on se servoit des accents dès le temps d'Auguste ; les plus habiles antiquaires distinguent même les accents graves et les aigus : les uns servoient à désigner les syllabes longues, et les autres les syllabes brèves dans les mots d'une prosodie douteuse. Ces deux accents servoient encore à différencier deux cas d'un même mot; ainsi, sur *musa*, nominatif, on mettoit l'accent aigu, et alors on relevoit la voix : mais sur *musá*, à l'ablatif, on élevoit la voix, et on la baissoit ensuite, comme s'il y avoit eu *musáà* : ces deux accents réunis ont produit dans les manuscrits l'accent circonflexe.

L'usage de mettre des accents sur les deux *ii* pour les distinguer de l'*u*, s'établit par degrés vers le XIe siècle : les accents furent alors tellement en vogue, qu'on les plaça sur plusieurs autres lettres, et même sur les deux jambages de l'*ü*, pour le distinguer de l'*n*, ce qui rendoît inutiles les accents mis sur les deux *ii*. Au XIII⁰ siècle, les accents, devenus très-communs, furent mis sur l'*i* isolé : ces accents devenant plus petits, ne furent plus que des points vers la fin du XIV⁰ siècle.

ACTES. L'usage de signer les actes n'étoit pas encore établi en France dans le XIII⁰ siècle. Le parlement de Paris, sous le règne de Henri III, en 1579, ordonna que les actes par-devant notaires, seroient signés par les parties. François I⁰ʳ, choqué de l'usage insensé d'écrire en latin, c'est-à-dire dans une langue que peu de monde entendoit, les actes d'où dépendoit la fortune, et quelquefois la vie des citoyens, avoit déjà ordonné que l'on se serviroit de la langue de la nation.

AÉROSTAT. Les hommes ont long-temps essayé de s'élever de terre et de se soutenir dans les airs par différens procédés, avant d'y parvenir au moyen des aérostats.

M. Desforges, chanoine d'Etampes, annonça dans les papiers publics de 1772 une machine propre à voler , qu'il nommoit *cabriolet volant.*

M. Blanchard, devenu si célèbre depuis par ses expériences aérostatiques , tenta d'abord de s'élever de terre par les seuls efforts de la mécanique : il ne réussit pas; et pour obtenir une ascension de vingt pieds , il lui avoit fallu employer un contre-poids de six milliers et une manœuvre pénible. En 1782, il construisoit une machine qu'il appeloit *vaisseau volant* , dont il fit graver la figure , mais dont il ne se servit jamais.

Tout cela amenoit peu à peu à l'invention que nous allons décrire. MM. de Montgolfier ayant remarqué qu'en enflammant quelques allumettes désoufrées sous une machine de papier ou de soie , de plusieurs pieds de diamètre, elle s'élevoit à l'instant au plafond de l'appartement , en firent une épreuve en plein air, à Annonay. Ils construisirent un globe de trente-cinq pieds de diamètre avec de la toile montée sur une charpente de bois ou de fil de fer , et couverte de papier collé. Ils y avoient ménagé une ouverture, au-dessous de laquelle ils firent brûler de la paille mouillée. L'air intérieur du globe, ainsi raréfié par la chaleur , le globe s'éleva à une hauteur que les uns ont estimée à cinq cents toises ,

d'autres à mille. Il descendit dix minutes
après.

Ce fut le 21 novembre 1783, que M. Pilatre de Rozier se lança au milieu des airs,
dans une galerie suspendue à un de ces
aérostats nommés montgolfières, du nom
de leur inventeur.

Les savants, raisonnant sur cette expérience, prétendirent que l'on gagneroit
infiniment à la faire avec de l'air inflammable tiré du fer. On essaya donc de ce
nouveau moyen, et, le 1er décembre 1783,
MM. Charles et Robert se firent enlever
dans une espèce de nacelle attachée par une
coiffe de filet à un ballon de vingt-six pieds
de diamètre, rempli, à une vingt-huitième
partie près, de l'air inflammable produit
par l'acide vitriolique versé sur la limaille
d'acier, et qui avoit passé à travers l'eau
avant d'arriver jusque dans l'intérieur du
ballon. Cette nouvelle machine aérienne
parcourut neuf lieues en deux heures cinq
minutes, et descendit sans accident. Le
procédé qui avoit servi à l'enlever fut depuis
préféré par tous les physiciens.

Pour parer aux malheurs qui peuvent être
la suite des ascensions aérostatiques, on a
adapté aux ballons un vaste parasol en toile,
qui se développe au-dessus de la tête du

voyageur aérien lorsqu'il se trouve détaché
de l'aérostat, et pose doucement à terre avec
sa nacelle. Mais on a vainement cherché à
diriger les ballons par des ailes de différentes formes; il faut qu'ils suivent l'im-
pulsion du vent.

M. Pilatre de Rozier voulut réunir le procédé de MM. de Montgolfier au procédé
chimique de MM. Charles et Robert. Il
attacha deux ballons l'un à l'autre : l'un
étoit rempli d'air inflammable; et l'autre,
placé au-dessous du premier, devoit se soutenir par l'action du feu. Cette expérience,
dont on ne conçoit pas bien quel pouvoit
être le but, eut le plus funeste résultat : à
peine la double machine aérostatique fut-
elle élevée de six cents toises, qu'au bout
de quinze minutes elle fit explosion. M. Pilatre de Rozier et son malheureux compagnon de voyage, nommé Romain, périrent
dans la chute terrible que leur fit faire cet
accident. ( Voy. *Parachute.* )

AFFICHES ET ANNONCES. Ce sont
les Allemands qui ont les premiers imaginé
de faire connoître au public, par des feuilles
imprimées, les biens à vendre, les deman-
des diverses, les naissances, les morts, etc.

AGRICULTURE. L'agriculture est le

premier et le plus utile des arts. Les Egyptiens faisoient honneur de sa découverte à
Isis et Osiris ; les Grecs l'attribuoient à leur
Cérès et à Triptolème : on ne pouvoit reconnoître que des Dieux pour auteurs d'un
si grand bienfait. Cela seul apprend que
l'origine de l'agriculture se perd dans la nuit
des temps ; et, dans le fait, elle a dû naître
avec les premières sociétés.

AGARIC DU CHÊNE. On donne ce
nom à la substance molle du champignon
du chêne, à laquelle on a reconnu la propriété d'arrêter les hémorragies. On croit
que les anciens avoient eu connoissance de
cette propriété si précieuse ; mais elle étoit
perdue depuis long-temps pour nous, lorsque le hasard nous l'a rendue. Un bûche-
ron, vers le milieu du XVIIIe siècle, s'étoit
donné sur le pied un coup de coignée. Ne
pouvant arrêter le sang qui couloit en abon-
dance, il s'avisa d'appliquer dessus un morceau d'agaric qui étoit à portée de sa main,
ce qui le mit en état de revenir chez lui.
M. *Brossard*, chirurgien, chargé du soin
du malade, ayant fait des réflexions sur
l'effet de l'agaric, l'a proposé comme un
remède souverain : on en fit quelques heureux essais, qui valurent au chirurgien des

récompenses; mais, ajouté celui qui raconté ce fait, le paysan n'eut rien.

AIMANT. C'est un composé de pierré et de fer, d'une couleur tirant sur le noir. Ses propriétés sont connues de tout le monde. La direction de l'aimant vers les pôles, qui nous trace des routes certaines sur l'immense océan, n'a point été connue des anciens; ils ne remarquèrent que sa propriété d'attirer le fer. On rapporte qu'un berger nommé Magnès, faisant paître son troupeau sur le mont Ida, enfonça dans la terre son bâton armé d'une pointe de fer, et qu'il eut quelque peine à le retirer. Etonné de cet obstacle, il en voulut connoître la cause; il creusa autour du bâton, et en trouva la pointe attachée à une pierre d'aimant.

L'homme, souvent rival de la nature, a essayé de communiquer au fer et à l'acier les propriétés de l'aimant, et il a réussi : c'est ce que l'on nomme *aimant artificiel.* M. *Knight,* du collége de la Magdeleine à Oxford, est un des premiers qui ont tenté cette opération. M. *Mitchell,* physicien anglois, a imaginé des aimants artificiels, faits avec des barreaux trempés et polis, aimantés d'une façon particulière, et qu'il nomme *la double touche.* Les aimants arti-

ficiels acquièrent beaucoup plus de force
que les aimants naturels.

ALEXANDRINS. C'est ainsi que l'on
appelle les vers de six pieds ou douze syllabes. On prétend qu'ils ont été ainsi nommés d'un grand poëme intitulé *Alexandre*,
et composé dans ce genre de vers par un
certain *Alexandre* de Paris.

ALGÈBRE. Vers l'an 1400, un nommé
*Léonard* de Pise, rapporta de l'Arabie la
connoissance de l'algèbre, qu'il répandit en
Italie. Lucas de Burgo, cordelier, est le
premier en Europe qui écrivit sur ce sujet ;
son livre fut imprimé en 1494. L'algèbre
fit de grands progrès en Europe dans le
XVIe siècle. Viète, mathématicien françois, imagina d'employer les lettres de l'alphabet pour représenter toutes sortes de
quantités connues et inconnues. Le mot
*Algèbre* est arabe.

ALMANACH. C'est aussi un mot que
nous avons emprunté aux Arabes. On présume que c'est chez les Egyptiens qu'il faut
chercher l'origine des almanachs. Un peuple
engagé par la beauté et la pureté du ciel
à observer le cours des astres, et forcé par

le débordement annuel du Nil de mesurer tous les ans ses terres, a dû le premier réduire en pratique les connoissances astronomiques pour apprendre l'époque de la crue des eaux, la durée du débordement, la saison des semailles et des moissons, etc.

AMIDON. Suivant Pline, ce sont les habitants de l'île Chio qui ont inventé l'amidon. On a découvert, au commencement du XVIII<sup>e</sup> siècle, la racine d'une plante qui donne un amidon aussi bon que celui que l'on tire de la farine de froment.

ANATOMIE. On prétend qu'un des premiers rois de l'Egypte, nommé Apis, est l'inventeur de l'anatomie. Alcméon de Crotone passe pour avoir le premier anatomisé des animaux. Homère, qui désigne avec tant d'exactitude et de tant de manières différentes les blessures que donnent et que reçoivent ses héros, devoit avoir des connoissances anatomiques, et fait supposer que l'anatomie étoit étudiée de son temps. Cependant les anciens firent peu de progrès dans ce genre, un scrupule religieux les ayant empêchés de disséquer des cadavres humains. Ce même scrupule retarda les progrès de cette science dans les

temps modernes. Au commencement du
règne de François I<sup>er</sup>, la dissection passoit encore pour un sacrilège; et Charles-
Quint fit consulter les théologiens de Sa-
lamanque, pour savoir si la religion permettoit de disséquer le corps humain pour
en connoître l'organisation. L'anatomie
proprement dite ne remonte pas au-delà
du XVI<sup>e</sup> siècle; et c'est un médecin fla-
mand, nommé Vésal, mort en 1564, qui
le premier débrouilla cette science.

ANCRE. On ne connoissoit point les
ancres dans les premiers temps; Homère
n'en parle nulle part dans ses poésies; il
dit qu'on attachoit les vaisseaux aux rochers du rivage. On employa d'abord pour
arrêter les vaisseaux de grosses pierres, des
paniers, des sacs remplis de sable que
l'on attachoit à des cordes et que l'on descendoit dans la mer. De pareils moyens
suffisoient avec des vaisseaux qui n'étaient
pas plus grands que nos barques; mais
par la suite, la nécessité a fait imaginer
les ancres. D'abord elles furent de bois
que l'on appesantissoit avec des pierres, du
fer ou du plomb; ensuite on les fit en fer
avec deux dents, comme nous les connoissons; la figure de cet instrument, si simple

et si utile, se retrouve sur un grand nombre de médailles antiques. Les anciens faisoient honneur de cette invention au roi Midas.

ANNEAU. L'Ecriture Sainte fait mention en nombre d'endroits de l'usage des anneaux parmi les Hébreux et les Égyptiens. Homère ne dit rien de cet ornement, mais il est à croire qu'il fut connu de très-bonne heure parmi les Grecs. Les Lacédémoniens ne portoient que des anneaux de fer ; les Romains, dans les commencemens, n'en portoient point d'autre matière. C'étoit la coutume à Rome que l'époux, avant le mariage, envoyât à son épouse un anneau de fer sans chaton et sans pierre, pour marquer la durée de leur union et la simplicité qui devoit régner dans leurs mœurs. Quelques écrivains pensent que l'anneau nuptial remonte jusqu'aux Hébreux. Les Chrétiens adoptèrent dès le commencement cet usage, qui s'est maintenu jusqu'à nous. L'anneau pastoral que portent les évêques, date du cinquième siècle.

ANNÉE. Les hommes ont senti de bonne heure le besoin de mesurer le temps, mais il leur a fallu bien des observations pour

parvenir à connoître la véritable étendue de
l'année. Ils commencèrent à compter par
mois lunaires, ensuite par saisons, puis
par six mois, et enfin par année. Les Egyptiens paroissent avoir été les premiers qui
s'aperçurent que douze révolutions de la
lune ramenoient les mêmes saisons et la
même température de l'air. Dès avant Moïse,
ils avoient une année de 360 jours, et divisée en douze mois. Ils la portèrent ensuite à
365 jours sans intercalation. On attribue
cette réforme du calendrier à un roi égyp-
tien nommé *Aseth*, qui vivoit environ
1322 ans avant l'ère chrétienne. L'année des
Grecs étoit aussi divisée en 360 jours, et
leurs mois en avoient trente; ils firent des
intercalations. L'année, du temps de Romulus, n'étoit que de 304 jours distribués en
dix mois. Ce prince consacra le premier mois
au dieu Mars, le second à Vénus, le troisième au Sénat; le quatrième à la Jeunesse,
et les six autres furent nommés suivant
l'ordre où ils étoient placés. Numa ajouta
deux mois, l'un consacré à Janus, et l'autre
destiné aux sacrifices qui se faisoient pour
les morts; et voulant égaler son année aux
révolutions du soleil, il ajouta, par un calcul
peu juste, quatre-vingt-dix jours en huit ans,
et il les intercaloit à la fois dans chaque

huitième année, qui fut nommée hyperbo-
lique, à cause de sa longueur. Cette erreur,
jointe à l'ignorance des pontifes et des au-
gures, amena une confusion qui dura jusqu'à Jules César. Celui-ci, en qualité de
grand pontife, entreprit de réformer le calendrier; aidé de Sosigène et de Flavius, il
établit une nouvelle année qui répondoit
au cours du soleil par le nombre de 365
jours; et comme, outre les 365 jours, il
restoit encore six heures pour se conformer
à la révolution solaire, César intercala un
jour de quatre en quatre ans, en sorte que
la quatrième année étoit de 366 jours : c'est
ce que nous nommons l'année *bissextile*.
Pour que le calcul eût été entièrement juste,
il auroit fallu que le cours du soleil fût
de 365 jours 6 heures, au lieu de 5 heures
49 minutes. Ces onze minutes d'excédent
donnèrent un jour entier et une minute en
cent trente-un ans; ce qui fit avancer les
équinoxes d'un jour. Pour remédier à cet
inconvénient, le pape Grégoire XIII, éclairé
par les observations astronomiques de Copernic et de Tycho-Brahé, ordonna de re-
trancher dix jours de l'année 1582. Cette
année fut appelée *julienne*, du nom de
Jules César, pour marquer l'époque de la
fin de son calcul; et, pour éviter à l'avenir

cette erreur ; il fut réglé que tous les trois cents ans on omettroit l'année de 366 jours. Ce réglement a été observé depuis lors parmi les nations catholiques.

Le commencement de l'année a long-temps varié en France. Sous les rois de la première race, c'étoit au mois de mars que l'année s'ouvroit ; elle commença à Noël, sous ceux de la seconde race ; et sous ceux de la troisième, elle partit du jour de Pâques. Charles IX, en 1560, ordonna que l'année commenceroit le premier janvier. Le parlement ne consentit à ce changement que vers l'an 1567. Quand la France changea son antique gouvernement pour se former en république, elle changea aussi l'époque et la forme de l'année : ce fut au 22 septembre, époque de la proclamation du gouvernement républicain, qu'elle commença l'année, et elle la forma de douze mois égaux, c'est-à-dire de trente jours chacun : elle y ajouta cinq jours, qui furent nommés *jours complémentaires.* Ces mois reçurent des noms analogues aux saisons.

ANTIMOINE. L'antimoine n'étoit autrefois d'aucun usage dans la médecine. Un moine appelé *Basile Valentin,* qui cherchoit la *pierre philosophale,* découvrit l'effet

de ce violent purgatif. Il jeta un jour quelques
résidus de ce minéral, qui lui avoit servi à
une de ses opérations; des pourceaux mangèrent par hasard ces résidus, et furent vio-
lemment purgés ; mais ensuite ils engraissè-
rent d'une manière remarquable. Valentin,
témoin de ce fait, crut rendre un grand
service à ses confrères, et leur offrit un
remède universel; il composa des breuvages
qui ne manquèrent pas de tuer ceux qui en
prirent. C'est de ce funeste événement que
ce minéral fut appelé *antimoine*. Un autre
que Valentin se fût empressé d'abandonner
sa découverte; ce bon moine s'opiniâtra,
au contraire, à prouver combien elle étoit
salutaire : il chercha le moyen d'ôter à l'antimoine ses qualités dangereuses, et quand il
crut l'avoir trouvé, il composa un livre qu'il
intitula *Le Char de Triomphe de l'Antimoine*. Ceci se passoit dans le XIIIe siècle.
Au commencement du XVIe, Paracelse re-
produisit ce remède redoutable, que la faculté de médecine et le parlement s'empressèrent de défendre, comme un vrai poison.
Ce ne fut qu'en 1666 que l'on permit enfin
de l'employer dans la médecine. Il a reçu
le nom d'*émétique*.

ARBALÈTE. Arme composée d'un arc

d'acier monté sur un fût de bois, d'une corde et d'une fourchette. On la bande avec effort par le moyen d'un fer propre à cet usage. L'invention de l'arbalète est attribuée aux Phéniciens.

ARC. Cette arme semble remonter à l'origine du monde : on l'a trouvée en usage même chez les peuples les plus grossiers.

Les Grecs attachoient un grand prix à l'arc, et à l'habileté avec laquelle on s'en servoit ; ils en avaient armé une partie de leurs Dieux, l'Amour, Apollon, Diane. Nous voyons Pénélope, dans l'Odyssée, promettre d'épouser celui de ses amants qui se montrera le plus adroit à l'exercice de l'arc. Ce fut Louis XI qui, vers l'an 1480, en abolit l'usage dans les troupes françoises.

ARCHITECTURE. La nécessité a enseigné aux hommes l'art de se construire des demeures. On songea d'abord à se garantir des injures de l'air ; ce ne fut que long-temps après que l'on imagina d'embellir l'intérieur et l'extérieur des habitations. La Chaldée, la Chine, l'Egypte et la Phénicie, sont les premières contrées où nous voyons que l'*architecture* proprement dite ait été mise en usage. On prétend que ce fut Cadmus qui apporta aux Grecs l'art de tirer la pierre, de la tailler et de l'employer pour la construction de nos demeures. Par ce qui reste encore des monumens égyptiens, nous pouvons juger de ce qu'étoit l'architecture dans l'ancienne Egypte : elle étoit lourde, massive, mais grande par ses dimensions et faite pour braver les siècles et la barbarie des hommes : les Egyptiens, avec leurs formes pyramidales et leurs énormes colonnes, semblent avoir voulu construire pour l'éternité. Les Grecs, plus heureusement organisés que les Egyptiens, reçurent de ces derniers des leçons d'architecture, mais ce fut pour les rendre à tous les peuples, et leur présenter des modèles, qui, sous le double rapport de l'élégance et de la grâce, ne devoient point être surpassés. Ce fut dans la Grèce de l'Asie, sur les côtes, que l'architecture commença à se former. L'invention des deux premiers ordres que les Grecs aient connus est entièrement due aux habitans de ces contrées : le *Dorique* est né dans la Doride, et l'*Ionique* dans l'Ionie. Le Corinthien n'a paru que long-temps après. L'ordre Toscan, né chez les Etrusques, fut conservé par les Romains, qui inventèrent l'ordre composite. Ce fut sous Périclès que l'architecture grecque atteignit son plus haut degré de splendeur.

Les Romains ont reçu des Grecs l'architecture, et l'ont cultivée avec honneur, mais
avec moins de goût. Ils l'ont surchargée d'ornements qui, quelquefois cependant, produisent un très-bon effet. Ce ne fut que dans
les derniers temps de la république qu'ils
élevèrent des édifices à l'imitation des Grecs;
auparavant ils bâtissoient dans le goût des
Etrusques leurs premiers maîtres. Ce sont
eux qui ont imaginé les voies publiques,
les aqueducs, les cloaques, les amphithéâtres, les arcs de triomphe, genre d'é-
difices négligés par les Grecs.

L'architecture gothique fut connue d'assez
bonne heure en France, et employée pour
les édifices religieux. Ce ne fut que sous
Louis XII et François I$^{er}$, qu'il nous vint
d'Italie des architectes, qui, les premiers,
donnèrent l'idée de la belle architecture
qu'ils avoient étudiée dans les magnifiques
ruines de Rome.

L'académie d'architecture fut érigée en
1671 par les soins de Colbert.

ARÉOMÈTRE ou PÈSE - LIQUEUR.
M. Homberg, de l'académie des sciences,
a imaginé, sur la fin du XVII$^e$ siècle, cet
instrument qui sert à déterminer la valeur
spécifique des différentes liqueurs.

2*

ARITHMÉTIQUE ( l' ). Le calcul est devenu une véritable science soumise à des règles certaines qui conduisent en peu d'instans aux résultats les plus étendus. On a compté de tous temps, mais point avec la perfection, avec la facilité que nous y mettons de nos jours. Les anciens manquoient d'expressions arithmétiques pour désigner les nombres qui contenoient plus de dix unités; quand ils vouloient énoncer, par exemple, le nombre.127 , ils disoient sept , deux dixaines et une dixaine de dixaines.

ARMES. Les premières armes dont l'homme se servit, furent , il n'y a pas à en douter, les pierres et le bois. Il les employa d'abord tels que la nature les lui présentoit. Bientôt il imagina de faire durcir les bâtons au feu et de les aiguiser; il créa la fronde pour lancer les pierres au loin , et l'arc pour atteindre à une grande distance avec le morceau de bois auquel il avoit donné une forme meurtrière, etc. , etc.

ARMOIRIES. Il faut rapporter l'origine des armoiries aux tournois célébrés vers la fin du X⁰ siècle : elles furent employées aux croisades , comme bannières, pour in-

diquer aux soldats pendant la bataille en
quel endroit ils devoient se rallier, et par
la suite elles devinrent les marques distinc-
tives des principales maisons. Des historiens avoient prétendu ne faire remonter
l'institution des armoiries qu'au temps des
croisades ; mais ce qui prouve qu'ils se
sont trompés sur ce sujet, c'est que la première croisade fut publiée seulement en
1095, et que dès les années 1027 et 1055
on connoissoit déjà les armoiries de plusieurs maisons.

ARPENTAGE. L'arpentage remonte au
premier partage des terres : du moment
où chacun eut une propriété distincte,
il fut de l'intérêt de tous les habitants d'un
canton d'inventer une manière générale
de mesurer les terres. ( Voyez *Géométrie* ).

ARQUEBUSE. C'est l'arme à feu qui
a succédé à l'arc des anciens. On s'en servit pour la première fois, au commencement du XV⁰ siècle, au siége d'Arras.
L'*arquebuse à vent* fut inventée par un
nommé *Marin* , bourgeois de Lisieux ,
sous le règne de Henri IV.

ARTILLERIE. On entend par artillerie
tout l'attirail de guerre, qui comprend les

canons , les bombes, etc. On ne se servít d'abord de canons que pour les siéges , à peu près comme les anciens se servoient des béliers , des balistes, etc. Ce fut à l'usage que les Anglois firent de cette arme terrible pour la première fois en 1346 , qu'ils dûrent la victoire de Crécy.

ASCLÉPIADE. C'est un vers latin de quatre pieds. On l'a ainsi nommé d'*Asclépiade*, poëte grec , qui en fut l'inventeur.

ASTROLABE. Deux médecins nommés Rotheric et Joseph, furent ceux qui apprirent aux marins portugais à faire usage de cet instrument d'astronomie , propre à observer les astres et à résoudre mécaniquement presque tous les problèmes de la trigonométrie sphérique.

ASTRONOMIE. Les Babyloniens ont jeté les premiers fondements de cette science qui nous apprend à connoître les corps célestes, leurs mouvements, distances, périodes, éclipses. Les Chaldéens ont cultivé l'astronomie avec succès : ils avoient , comme nous, composé leur année de 365 jours. C'est en Egypte que les plus grands génies de la Grèce puisèrent les connois-

sances astronomiques dont ils enrichirent
ensuite leur patrie. Aristilles, Timocharès,
Hipparque, Ptolémée sont sortis de l'école
d'Alexandrie. Ce fut le fameux Ptolémée
qui, dans le deuxième siècle, sous l'empire d'Adrien et de Marc-Aurèle, réduisit
en un corps de science complet ce que l'on
connoissoit déjà sur l'astronomie. Vint enfin, dans un temps encore plus rapproché
du nôtre, Copernic, qui, s'armant pour
former son système, de tout ce qu'une
pareille matière peut offrir de plus certain,
donna à la science astronomique des bases
qui paroissent être celles qu'elle conservera
toujours. Kepler, Tycho-Brahé et Galilée,
doivent être également cités avec honneur
dans *les siècles modernes*. On doit à chacun
d'eux quelque découverte importante.

AUBERGES. Dans l'enfance des sociétés, les hommes, plus attachés au sol qui
les avoit vus naître, voyageoient peu, et
ne pouvoient espérer d'hospitalité dans les
terres étrangères, que des liaisons d'amitié
ou de l'humanité qui unit tous les hommes.
L'Ecriture Sainte et les poëmes d'Homère
nous donnent mille preuves touchantes de
cette coutume établie dans l'Orient, pour
ainsi dire depuis l'origine du monde. Cette

même coutume y subsiste encore en partie.
Nos ancètres, les Gaulois, étoient aussi
très-hospitaliers, et s'empressoient de recevoir et de fêter les étrangers qui venoient
visiter leur pays. Mais cette hospitalité, qui
honore le cœur humain, est en même temps
la preuve d'une civilisation incomplète :
quand les hommes, entraînés par les besoins du commerce ou par la simple curio-
sité, parcoururent les différents pays de la
terre, il fallut alors que l'intérêt se char-
geât de leur donner l'hospitalité : la simple
humanité n'eut pu suffire à tous les frais
qu'auroit exigés la réception de tant d'étrangers. On rapporte que ce sont les Crétois
qui les premiers ont élevé des hospices. La
religion chrétienne consacra l'hospitalité et
en fit un devoir : il y eut des hospices publics pour les pélerins. Les particuliers les
recevoient également. Les riches voyageurs
prirent l'habitude, à leur départ, d'offrir un
présent, qui souvent n'étoit pas reçu : cette
pratique cependant s'établit peu à peu; on
plaça même des troncs à la porte, afin que
le voyageur y déposât son offrande. Bientôt les bénéfices qui revenoient de cette coutume, engagèrent des personnes à se faire
un état du soin de recevoir les étrangers ;
elles mirent même des enseignes pour faire

reconnoître leurs maisons. Le mot *auberge*
vient du vieux mot français *héberger* ou
*alberger*.

# B

BAGUE. Les Chaldéens et les Egyptiens
sont les premiers peuples chez lesquels les
bagues aient été en usage. Parmi les Ro‑
mains, personne n'en porta avant Scaurus,
gendre de Sylla. A Rome on faisoit des
bagues de fer, d'acier, d'or, d'argent, de
bronze, etc.; on les portoit au petit doigt
de la main gauche, ou au doigt que nous
appelons *annulaire*.

BALANCE. L'invention de la balance
remonte à la plus haute antiquité. L'Ecri‑
ture dit qu'Abraham acheta le champ où
Sara fut enterré, 400 sicles d'or, et *qu'il*
*les fit peser à la vue de tout le peuple.*

BALANCIER. C'est une presse qui sert
à marquer la monnoie, et avec laquelle un
homme fait plus d'ouvrage en un jour, que
vingt autres n'en pourroient faire avec le
marteau. Nicolas Briot, tailleur général
des monnoies, inventa le balancier sous le
règne de Louis XIII.

BALISTE. C'étoit une machine de guerre dont se servoient les anciens pour lancer des pierres : les Syriens en furent les inventeurs.

BAROMÈTRE. L'invention du baromètre a été publiée en 1643. On la doit à Toricelli, célèbre physicien de l'avant-dernier siècle. On sait que l'objet de cet instrument de physique est de faire connoître la pesanteur de l'air, et d'indiquer les variations du temps.

Un observateur plaça sur sa fenêtre une sangsue dans un bocal assez grand pour contenir huit onces d'eau, rempli aux trois quarts et recouvert d'une toile fine. Cette sangsue lui servoit de baromètre, annonçant les variations qui devoient arriver dans l'atmosphère. Lorsque le temps devoit continuer à être serein et beau, l'animal restoit au fond du bocal, sans mouvement et roulé en spiral : lorsqu'il devoit pleuvoir avant ou après midi, il montoit à la surface, et y demeuroit jusqu'à ce que le temps se remît. S'il devoit y avoir du vent, la sangsue inquiète, parcouroit l'eau avec une vitesse surprenante, et ne redevenoit calme que lorsque le vent commençoit à souffler. A l'approche des tempêtes, du

tonnerre, de la pluie, elle restoit presque
continuellement hors de l'eau, se trouvoit
mal à son aise, et étoit dans des agitations
convulsives. Pendant la gelée, elle se tenoit au fond du bocal : à l'approche de la
neige ou de la pluie, elle se plaçoit à l'embouchure même du bocal. L'observateur
avoit soin de renouveler l'eau tous les
jours pendant l'été, et une fois tous les
quinze jours pendant l'hiver.

BARQUES. Les premières barques dûrent être des troncs d'arbres creusés. Il paroît cependant que plusieurs nations de
l'antiquité se servoient de canots composés
de petites baguettes de bois pliant, disposées en forme de claies, et couvertes de
cuir. Il est impossible de savoir quel est le
peuple qui, le premier, se construisit des
barques.

BAS AU MÉTIER. La première manufacture de bas au métier, en France, fut
établie l'année 1656, au château de Madrid,
dans le bois de Boulogne. Les Anglois
cherchent à se faire passer pour les inventeurs du métier à bas ; mais leurs préten-
tions sont en cela mal fondées. Le véritable inventeur de cette machine fut un

François qui, ne trouvant pas dans nôtre pays les facilités convenables, alla porter son secret en Angleterre, d'où il nous fut rapporté, au bout d'un certain laps de temps, par un autre François.

BAYONNETTE. Cette arme courte et pointue, qui s'ajoute au bout du fusil, tire son nom de la ville de Bayonne où elle fut inventée. Le premier régiment françois que l'on forma à l'exercice de la bayonnette fut le régiment des fusiliers, nommé depuis Royal-Artillerie. On étoit alors en 1671.

BÉLIER. C'étoit une machine de guerre, qui, chez les anciens, servoit à abattre les murs des villes. S'il faut en croire *Vitruve*, ce furent les Carthaginois qui inventèrent le bélier pendant le siége de Cadix.

BIBLIOTHÈQUE. Lieu destiné au dépôt des livres. L'usage des bibliothèques remonte aux temps les plus reculés; il est aussi ancien que la culture des sciences et des arts. Les Juifs conservoient dans le temple le recueil de leurs livres sacrés; ils avoient également des bibliothèques dans chaque synagogue. Les Chaldéens, les Egyptiens et les Phéniciens firent aussi avec

soin de nombreuses collections de livres.
Suivant Diodore de Sicile, ce fut Osiman-
dès, un des plus anciens rois égyptiens, qui,
le premier, fonda une bibliothèque en
Egypte. Dans le nombre des bâtimens dont
étoit accompagné le superbe tombeau que
ce prince fit construire, il y en avoit un
destiné à cette bibliothèque, et qu'il avoit
orné des statues des dieux de l'Egypte. On
lisoit sur le frontispice ces mots : *Trésor
des remèdes de l'âme.* Cette bibliothèque
a été la plus célèbre et la plus magnifique
dans la haute antiquité. Mais la plus riche,
et peut-être la plus nombreuse qui ait jamais
existé, est celle que les Ptolomée avoient
formée à Alexandrie. Elle avoit été commencée par Ptolomée Soter; et déjà elle
s'élevoit à quatre cent mille volumes, lorsqu'elle fut incendiée par suite des ordres
que César avoit donnés de brûler sa flotte
dans un moment où la ville étoit révoltée :
l'embrasement gagna du port à la bibliothèque. Elle fut recomposée dans la suite,
et elle devint même plus nombreuse qu'elle
ne l'avoit été : c'étoit le plus précieux dépôt
des connoissances humaines. Elle subsis-
toit encore en 642 de notre ère, lorsque les
Sarrasins firent la conquête de l'Egypte : le
califc Omar ordonna qu'elle fût brûlée, don-

nant pour raison que, si elle contenoit les
mêmes choses que l'Alcoran, elle devenoit
inutile ; et que, si elle en contenoit de contraires, c'étoit une nécessité de la détruire.

Pisistrate fut le premier chez les Grecs
qui forma un recueil des ouvrages des poëtes
et des savans : ce fut le commencement de
la bibliothèque des Athéniens, qui, dans
la suite, fut emportée par Xerxès. Les Romains, maîtres de la plus grande partie du
monde connu, recueillirent les livres de
toutes les nations qu'ils assujettirent, et
formèrent plusieurs belles bibliothèques
publiques. Plusieurs particuliers en eurent
aussi de très-belles. Enfin, les Barbares
vinrent inonder l'Europe, et quelques ouvrages échappèrent à peine à leur fureur. Ce
fut dans les monastères que l'on conserva
les livres anciens qui sont venus jusqu'à
nous. Charles V, surnommé le Sage, est celui
de nos rois à qui nous devons les premiers
fondements de la bibliothèque royale. Le
roi Jean, son père, lui avoit laissé quelques
livres ; il en accrut le nombre jusqu'à neuf
cent dix volumes, nombre remarquable dans
un temps où les lettres n'avoient fait presque
aucun progrès. Il les plaça dans une tour
du Louvre, qui, pour cette raison, fut-ap-
pelée *la tour de la librairie.*

BLEU DE PRUSSE. Il fut trouvé d'une manière assez singulière. *Jean Conrad Dippel*, chimiste de Berlin, jeta dans sa cour plusieurs liqueurs de son laboratoire ; s'apercevant, avec surprise, que quelques pavés étoient devenus d'un bleu magnifique, il recomposa ses liqueurs, et reconnut celle qui avoit cette propriété. Son secret fut publié en 1724.

BOMBE. L'inventeur de la bombe est *Sigismond Pandolphe Malatesta*, prince de Rimini, mort en 1457. On en fit usage en France, pour la première fois, au siège de Mézières, en 1521. L'effet de la bombe est terrible. Charles XII, roi de Suède, dictoit, dans Stralsund assiégée, des lettres à un secrétaire ; une bombe tomba sur la maison où étoit le prince, perça le toit, et vint éclater près de la chambre même de Charles XII. La moitié du plancher tomba en pièces. Au bruit de la bombe, et au fracas de la maison qui sembloit s'écrouler, la plume échappa des mains du secrétaire. *Qu'y a-t-il donc ?* lui dit le roi avec tranquillité ; *pourquoi n'écrivez-vous pas ?* Celui-ci ne put répondre que ces mots : *Hé, sire, la bombe ! Eh bien !* reprit le roi, *qu'a de commun la bombe avec la lettre que je vous dicte ? Continuez.*

BOTANIQUE. Cette science a pour objet la connoissance du règne végétal en
entier. Les Egyptiens sont regardés comme
le premier peuple qui s'y soit appliqué. La
botanique fut aussi cultivée par les Grecs
et les Romains ; mais les plus célèbres
d'entre eux, à cet égard, nomment à peine
six cents plantes dans leurs ouvrages.

Eclipsée à une certaine époque, comme
toutes les autres sciences, elle ne reparut
qu'au XV<sup>e</sup> siècle. Enfin, vers l'an 1702,
M. de Tournefort, après avoir été étudier les
plantes des différents climats sur les lieux
mêmes où la nature nous les donne, réduisit
la botanique à quatorze figures de fleurs,
par le moyen desquelles on descend à six
cent soixante - treize genres, qui com-
prennent sous eux huit mille huit cent
quarante-six espèces de plantes. Cependant
chaque jour cette science fait de nouvelles
acquisitions, car elle a des droits aussi
étendus que les productions de la terre sont
variées; ce n'est même plus l'ordre établi
par M. de Tournefort que l'on suit à présent. Linnée l'a changé en divisant les plantes en vingt - quatre classes différenciées
avec tant de justesse et de discernement,
qu'elles viennent, pour ainsi dire, se ranger
d'elles-mêmes dans la place qui leur con-

vient; et c'est cette méthode qui aujourd'hui
est généralement reçue.

BOTTES. Les Grecs et les Romains portèrent des espèces de bottines faites de cuir
de bœuf., qui se mettoient à nu sur la jambe.
Il est parlé des bottes dans la vie de saint
Richard, évêque de Chichester, écrite par
un Anglais au XIII° siècle; et l'on trouve
dans les registres de la chambre des comptes
un article de quinze deniers pour graisser
les bottes de Louis XI.

BOUCLIER. C'est une des plus anciennes
armes défensives. Les Grecs tressèrent leurs
premiers boucliers avec de l'osier; ils y
substituèrent ensuite des ais de bois léger,
et enfin des cuirs de bœuf, qu'ils bordoient
souvent de lames de métal, appelées *antyx*,
pour les orner autant que pour leur donner
plus de solidité. Dans leur intérieur, les
boucliers avoient deux anses qui servoient
à y passer le bras et la main. En temps de
paix on suspendoit les boucliers aux voûtes
des temples; mais on avoit soin d'en détacher les anses, afin que dans une sédition
le peuple ne pût pas s'en saisir pour s'armer et combattre.

La forme des boucliers différoit selon les

peuples. Le premier bouclier des Romains
fut celui des Argiens : ils le nommoient
*clypeus*. Après leur réunion avec les Sabins,
ils adoptèrent le *scutum* de ces derniers. Ce
bouclier formoit un carré oblong, tantôt
plat, tantôt courbé. Il devint l'arme défensive de l'infanterie. La cavalerie eut un bouclier rond que l'on appeloit *parma*. Chaque
légion avoit des boucliers d'une couleur
particulière, et ornés d'un symbole qui les
distinguoit de ceux des autres légions, tels
que le foudre, une ancre, un serpent, etc.
On y joignoit encore des signes distinctifs,
pour que le bouclier de chaque soldat pût
être reconnu, parce que dans le camp les
boucliers étoient tous déposés dans une
tente ou dans un magasin. C'étoit une tache
ineffaçable pour un guerrier d'abandonner
son bouclier dans un combat. Un vainqueur
offroit souvent, dans quelque temple, à une
divinité, le bouclier de celui qu'il avoit
vaincu; c'étoit ce qu'on appelle des *bou-*
*cliers votifs*. Bientôt ces boucliers votifs
furent formés de métaux riches et même
de marbre.

Les boucliers modernes étoient en général ronds et ornés de peintures analogues
au nom, ou au rang, ou à la disposition
d'âme de ceux qui les portoient.

, BOUSSOLE. C'est un instrument de marine dont on se sert pour diriger la route des vaisseaux. Ce fut, dit-on, vers l'an 1302 qu'un certain *Jean de Goia*, Napolitain, inventa la boussole. Quelques auteurs prétendent cependant que *Marco Paolo*, Vénitien, avoit rapporté cette invention de la Chine, en 1260. L'aiguille aimantée qui compose la boussole tourne invariablement sa pointe vers le nord, et c'est ainsi qu'elle règle la marche des navires.

BRACELET. L'origine des bracelets se perd dans la nuit des temps les plus reculés. Dans le premier âge du monde, les hommes en portoient comme les femmes, et cette coutume subsiste encore aujourd'hui chez plusieurs peuples de l'Orient.

BRIQUE. Par leurs ruines, on juge que les villes les plus anciennes ont été bâties de briques séchées au soleil, ou cuites au feu, mêlées de paille ou de roseaux hachés, et cimentées de bitume.

BRODERIE. Les anciens attribuoient cette invention aux Phrygiens. Dès le temps de Moïse, on faisoit des ouvrages en *broderie*, tissus de différentes couleurs, et on connoissoit même la manière d'y faire entrer

3*

l'or. La broderie en mousseline n'est pas à
beaucoup près aussi ancienne que la broderie au métier.

# C

CABARETS. Il y avoit à Rome *des*
tavernes ou cabarets, et, s'il en faut croire
Horace, ceux qui les tenoient connoissoient
très-bien l'art de tromper. On prétend que
le mot *cabaret* vient de deux mots celtiques :
*cab*, qui veut dire *tête*, et *aret*, qui signifie
*bélier*, sans doute parce que la première
ou la plus célèbre de ces maisons avoit une
tête de bélier pour enseigne. Les Bretons,
qui, à ce que l'on présume, parlent encore
la langue des Celtes, ont les premiers appelé *cabarets* les maisons où l'on vendoit
du vin en détail, pour les distinguer des
auberges.

CACHET. Les cachets ont été en usage
dans la plus haute antiquité : en Egypte,
rapporte Diodore, on coupoit les deux mains
à ceux qui avoient contrefait le cachet du
prince. Numa défendit, par une loi, de graver
sur les cachets la figure des dieux. Le philosophe Pythagore fit la même défense. Sur
celui de César étoit une Vénus, et sur celui
de Pompée un lion tenant une épée.

CAFÉ. Cette semence qui procure une boisson si agréable, étoit à peine connue au milieu du XV<sup>e</sup> siècle, dans l'Arabie même, d'où elle s'est répandue presque par toute la terre : on en faisoit cependant usage dans quelques cantons de la Perse. Un muphti d'Aden, appelé Gemal-Eddin, qui fit un voyage dans ce pays, y trouva des gens qui prenoient du café ; il s'aperçut qu'entre autres propriétés il a sur-tout celle de dissiper les pesanteurs de tête, d'égayer l'esprit, et de chasser le sommeil sans incommoder. C'étoit le point essentiel. A son retour, il fit usage de café avec ses derviches, à l'entrée de la nuit, afin de la passer en prières avec plus de liberté d'esprit. On rapporte que ce fut un berger qui, le premier, remarqua les propriétés du café : ses chèvres ayant mangé les semences tombées, parurent agitées, et ne se livrèrent point au sommeil. Le berger renouvela l'expérience sur lui, et en avertit un chef de couvent, qui en fit prendre à ses moines. L'usage du café passa de la Perse à Aden, d'Aden à la Mecque, puis en Egypte, au Caire, en Syrie et à Constantinople. Ce n'est guère que dans le courant du XVI<sup>e</sup> siècle, que l'on a commencé à connoître le café en Europe. Il y parut presqu'en même temps que le tabac, et y fut d'abord assez mal accueilli : grand nombre de médecins prétendoient que c'étoit un poison. L'Europe a l'obligation de la culture du café aux soins des Hollandois, qui de Moka l'ont porté à Batavia, et de Batavia au jardin d'Amsterdam. Le voyageur Thevenot est le premier qui a apporté le café à Paris.

CALENDRE. C'est une machine qui sert à tabiser et à moirer certaines étoffes, et même à cacher leurs défauts : on ignore quel en fut l'inventeur; on sait seulement que les premières calendres en France furent dues aux soins protecteurs du grand Colbert, toujours prêt à favoriser les choses utiles.

CALENDRIER. C'est une table qui contient l'ordre des jours, des semaines, des mois et des fêtes de toute l'année : on l'a appelé *calendrier*, du mot *calendœ*, que l'on écrivoit anciennement au commencement de chaque mois.

Le *calendrier romain*, encore en usage, doit son origine à Romulus; mais depuis il y a été fait différents changements : il fut réformé d'abord par Numa, puis par Jules César, et enfin par Grégoire XIII, en 1582.

CANAL ARTIFICIEL. Dès les temps les plus reculés, on a creusé des canaux pour faciliter le commerce, en joignant une mer à une autre mer, un fleuve à un autre fleuve. Strabon, Pline et Diodore de Sicile parlent d'un ancien canal, qui, en Egypte, établissoit la communication entre la mer Rouge et la Méditerranée. Ce canal avoit été fini par les Ptolomée. Le canal de Babylone étoit aussi très-célèbre chez les anciens.

Nous avons chez nous plusieurs canaux; le canal d'Orléans, qui fait communiquer la Seine et la Loire; celui de Picardie, qui fut navigable en 1734; et sur-tout le canal de Languedoc, qui joint les deux mers, et que l'on peut comparer à tout ce que les Romains entreprirent de plus grand.

CANON. Voy. *Artillerie*.

CANTATE. C'est un petit poëme lyrique, contenant le récit d'une action galante ou héroïque. La cantate nous est venue d'Italie. J.-B. Rousseau a excellé dans ce genre.

CARILLON. Ces horloges, qui répètent un air aux heures et aux demi-heures, ont été inventées en Flandres. La première fut faite à Aloste, en 1487.

CARROSSE. Cette voiture si commode a été inventée en France; on la nomma *coche* dans l'origine, et il n'y en avoit que deux sous François Iᵉʳ; un pour l'usage de la reine, et l'autre pour celui de Diane, fille naturelle de Henri II. Peu à peu le nombre s'en augmenta, et au commencement du XVIIᵉ siècle, *tous les gens riches avoient des carrosses.* Bassompierre est le premier qui fit mettre des glaces au sien.

CARTES GÉOGRAPHIQUES. On en fait remonter l'invention à Sésostris, roi d'Egypte. Strabon l'attribue à Anaximandre de Milet.

CARTES A JOUER. Il paroît que les cartes à jouer ont été inventées en 1392, par un peintre nommé Jadin Gringonneur, pour amuser Charles VI pendant les intervalles de sa maladie.

CASQUE. Cette arme défensive, destinée à couvrir la tête et le cou, vient des Lacédémoniens. Carès, le premier, l'orna d'aigrettes et de plumes.

CAVALERIE. S'il faut s'en rapporter à un grand nombre d'historiens, c'est en Egypte que l'équitation a été inventée. La plupart des anciens attribuent cette découverte à Orus, fils d'Osiris. Sésostris, vers l'an 1650 avant notre ère, fut le premier qui forma un corps de cavalerie pour servir à la guerre.

CERISIER. Cet arbre, qui orne si agréablement nos vergers, et qui donne un fruit si salutaire, nous vient de l'Asie : c'est à Lucullus que nous devons ce bienfait; ce général romain l'apporta des environs de Cérasonte, dont on lui conserva le nom, et le naturalisa en Italie, d'où il se répandit dans le reste de l'Europe.

CHAISE DE POSTE. On vit, pour la première fois, des chaises de poste en 1664. C'étoit un fauteuil soutenu sur le milieu d'un chassis, porté par-derrière sur deux roues, et appuyé par-devant sur le cheval. Un nommé de la Grugère en étoit l'inventeur.

CHAPEAU. Les Grecs et les Romains avoient ordinairement la tête nue. Ce n'étoit qu'en voyage et quand ils étoient indisposés qu'ils faisoient usage d'une coiffure, ou qu'ils se couvroient la tête d'un pan de leur vêtement. Cette coutume d'aller tête nue avoit, suivant les médecins, de grands inconvé-

niens : elle ridoit de bonne heure le front
et le tour des yeux ; produisoit un clignote-
ment désagréable, occasionnoit des fluxions,
des catarrhes, des ophtalmies, la cécité.
Nos ancêtres, les Gaulois, au rapport de
César, n'avoient la plupart sur la tête qu'une
touffe de cheveux liés qui la défendoit contre
le froid et contre les blessures. Les habitans
de Langres portoient un capuchon de laine
grossière ; ceux de Saintes se servoient d'un
bonnet particulier qu'ils nommoient *birrum*,
et qui, peut-être, fut le *beret* ou *baret* des
Béarnois et des habitans des Landes. Le
cap et le chaperon firent, pendant long-
temps, partie du costume des Francs.
Vinrent ensuite l'élégant capelet, la riche
toque, le grave mortier, et enfin le *chapeau*
proprement dit. On fait remonter ce dernier
jusqu'au règne de Henri VIII, qui fit venir
le premier d'Angleterre, où l'on en portoit
depuis plus d'un siècle. Il ne faut pas demander combien de formes lui firent prendre nos caprices depuis son origine ; de
toutes ces formes, la plus bizarre et la moins
commode est celle du chapeau à trois cornes ;
on ne conçoit pas comment une pareille
coiffure a pu être imaginée chez un peuple
qui avoit quelque goût et une ancienne civilisation : on chercheroit en vain chez les

sauvages les plus grossiers, pour y trouver rien de plus ridicule. Le chapeau rond, plus élégant, plus convenable à la forme de la tête, est aussi plus commode : il abrite le cou, ombrage le visage et favorise la vue. La haute forme qu'on lui a donnée a aussi son utilité : elle peut garantir contre les accidens, et contient un volume d'air qui empêche la tête de trop s'échauffer.

CHARRUE. Chaque peuple a eu son inventeur pour cet instrument de labourage. Les Egyptiens croyoient en être redevables à Osiris; les Phéniciens à Dagon, qui passoit pour être fils du Ciel; les Chinois à Chinnong, successeur de Fo-hi; enfin, les Grecs à Cérès, reine de Sicile, et à Triptolème, fils de Célée, roi d'Eleusis. La charrue des anciens étoit bien moins compliquée que la nôtre. Dans l'origine, ce n'étoit qu'un morceau de bois très-long et courbé, de manière qu'une partie entroit dans la terre et l'autre servoit à atteler les bœufs : il n'y avoit point de roue; on y avoit seulement ajouté un manche pour que le conducteur pût la diriger à sa volonté; il n'y entroit ni fer ni autre métal. On fit ensuite une charrue de deux pièces; l'une longue pour atteler les bœufs, l'autre courte pour entrer dans la terre : elle ressembloit à une ancre. On la voit sur les anciennes médailles.

CHEMINS. L'histoire nous fournit la preuve que les Grecs avoient de grands chemins, à l'entretien desquels ils pourvoyoient par des réglemens publics : Athènes, Lacédémone, Thèbes nommoient des officiers chargés de cette fonction particulière. Le premier chemin que les Romains aient eu fut aussi le plus beau : c'étoit la *voie Appienne*, ainsi appelée d'*Appius Claudius*.

CHIFFRES. Les chiffres ont eu pour inventeurs les Orientaux.

Le chiffre romain vient de ce qu'on a compté d'abord par les doigts : de sorte que, pour marquer les quatre premiers nombres, on s'est servi d'un I qui les représente, et pour le cinquième on s'est servi d'un V, représenté en baissant les doigts du milieu, et en montrant simplement le pouce avec le petit doigt; et pour le dixième on s'est servi de X, qui est un double V, dont un est renversé et mis au-dessous de l'autre. Le cent fut marqué par sa capitale C. Depuis on a ajouté deux autres chiffres romains ; le D qui vaut cinq cents, et l'M qui vaut

mille. Par abréviation, IV signifie cinq
moins un, c'est-à-dire quatre; IX, dix
moins un, c'est-à-dire neuf.

Les *chiffres arabes* ont eu pour inventeurs les Indiens, qui les donnèrent aux
Arabes; d'où, par le moyen des Maures,
ils sont parvenus jusqu'à nous. Ces chiffres
ne parurent sur nos monnoies, pour marquer la date du temps où elles avoient été
frappées, que depuis l'ordonnance de
Henri II, rendue en 1549; et l'on prétend
que dans les écrits on ne se servit en
France de ces chiffres que depuis le règne
de Henri III.

CHIMIE. Science qui a pour objet de
faire l'analyse des corps naturels, afin de
les réduire à leurs principes primitifs et d'en
reconnoître les propriétés. Il est impossible
de dire à quelle époque les hommes se sont
livrés à cette science. Geber, qui, à ce que
l'on croit, vivoit dans le IX$^e$ siècle, est le
premier qui en ait écrit, mais dans un langage mystérieux qui le rend très-difficile à
entendre. Cela ne l'empêcha pas de faire plusieurs découvertes heureuses; et Boerhaave
si bon appréciateur, en parle avec éloge dans
ses *Institutions chimiques*. On ne sait s'il
étoit Grec ou Espagnol. Les Arabes, après

lui, continuèrent de cultiver la chimie : ce
sont évidemment leurs médecins qui, les
premiers, ont appliqué les préparations chimiques aux usages de la médecine. Les
Grecs s'appliquèrent à la chimie jusqu'à la
prise de Constantinople. C'est vers le XIIIᵉ
siècle que cette science fut connue en Europe; le peu d'hommes instruits qui existoient s'empressèrent de l'accueillir : Albert
le Grand et Roger Bacon sont les premiers
qui l'ont cultivée avec honneur et avec une
véritable utilité.

CHIRURGIE. On dit qu'Apis, roi d'E-
gypte, inventa la chirurgie, bien plus ancienne que la médecine. Esculape fit, après
lui, un traité des plaies et des ulcères.

La chirurgie avoit singulièrement dégé-
néré chez nous lorsque, pour la rappeler
à son état primitif, on institua, en 1724,
cinq démonstrateurs royaux. Pour achever
cette restauration et rendre ses effets dura-
bles, on forma, en 1731, une académie
royale de chirurgie, qui, le 18 mars 1751,
reçut un réglement du roi lui-même.

CILINDRE. On croit qu'Archimède fut
l'inventeur du cilindre; on en a trouvé la
figure tracée sur son tombeau.

CIRCULATION *du sang*. Harvey, médecin anglois, passe pour avoir découvert la circulation du sang, et l'on croit que ce fut en 1628. Cette découverte lui est cependant contestée, et on la fait quelquefois remonter jusqu'à Hippocrate lui-même, mais sans aucun fondement.

CIRE. La grande consommation de la cire des abeilles augmentant tous les jours en France, on a cherché dès long-temps quelque chose qui pût la remplacer. On peut faire des cierges et des bougies avec une cire végétale du Mississipi. Cette cire se tire de la graine ou du fruit d'un petit arbrisseau qui croît dans tous les endroits tempérés de l'Amérique septentrionale, comme la Floride, la Caroline, la Louisiane, etc. Cette cire est luisante, sèche, friable, disposée en écailles sur la peau du noyau. Elle a une odeur douce et aromatique.

CISELURE. La ciselure a été connue de temps immémorial en Asie et en Egypte. Les Grecs y ont excellé. Chez nous c'est un des arts qui depuis un siècle et demi se sont le plus perfectionnés. *Balin* et *Thomas Germain* s'y sont particulièrement distingués au commencement du XVIIIe siècle.

CLAVECIN. On ne sait à quel temps précisément remonte l'invention du clavecin. Quelques-uns pensent qu'elle doit être fixée au XV° siècle, d'autres la croient très-antérieure. Aucun écrit sur la musique, avant le XVI° siècle, ne nomme le clavichorde, la virginale, l'épinette, ni le clavecin; mais les auteurs de ce temps-là en parlent comme d'instrumens déjà en usage. Il est vraisemblable que les Italiens ont inventé, il y a cinq ou six cents ans, le clavichorde, imité ensuite par les Flamands et les Allemands, et que cet instrument est le commencement du clavecin. On a fait des clavecins qui ont plus de vingt changemens, pour imiter le son de la harpe, du luth, de la mandoline, du basson, du flageolet, du hautbois, du violon et d'autres instrumens. On trouve dans les Mémoires de l'académie de Berlin, de 1771, la description d'un clavecin qui, en même temps qu'on exécute, marque et note ce qu'on a joué. L'harmonie du clavecin, et la faculté qu'il a de représenter l'effet des différens instruments qui entrent dans la composition d'un orchestre, l'avoient mis en crédit auprès des compositeurs et des maîtres de chant, avant que l'on connût le forte-piano, qui, à bien dire, n'est que le clavecin perfectionné. Ce ne fut que vers la fin du XVI<sup>e</sup> siècle que l'on vit prévaloir le clavecin lui-même.

CLAVECIN OCULAIRE. Le clavecin oculaire du P. Castel a rendu son auteur célèbre. Ce savant avoit supposé que les sept couleurs, produites par l'effet du prisme sur les rayons de la lumière, se rapportoient exactement aux sept tons de la musique, et voici quelle étoit sa gamme :

l'ut répondoit au bleu.,
l'ut diese au céladon,
le ré au vert gai,
le ré diese au vert olive,
le mi au jaune,
le fa à l'aurore,
le fa diese à l'oranger,
le sol au rouge,
le sol diese au cramoisi,
le la au violet,
le la diese au violet bleu,
le si au bleu d'iris,
l'ut. au bleu,

et l'octave recommençoit ensuite de même, à l'exception que les couleurs étoient plus claires. Le P. Castel prétendoit par ce moyen, en faisant paroître successivement toutes ses couleurs, dédommager ceux à

qui la nature a refusé le sens de l'ouie , et
procurer à l'œil la sensation agréable que
font sur l'oreille la mélodie des sons de la
musique et l'harmonie de ses accords.

Diderot rapporte qu'ayant mené un sourd
de naissance chez cet ingénieux physicien ,
ce sourd s'imagina que l'auteur de la machine étoit aussi sourd et muet ; que son
clavecin lui servoit à converser avec les
autres hommes ; que chaque nuance avoit
sur le clavier la valeur d'une des *lettres*
de l'alphabet, et qu'à l'aide des touches et
de l'agilité des doigts , il combinoit ces
lettres, en formoit des mots, des phrases,
enfin tout un discours en couleurs.

CLEPSYDRE. Tel est le nom des horloges mises en mouvement par le moyen
de l'eau. C'étoit ainsi que chez *les* anciens
on mesuroit le temps. Leur clepsydre étoit
cependant une machine fort grossière et peu
juste , dont toute l'industrie consistoit à faire
nager sur l'eau un petit vaisseau en forme
de bateau , garni d'une verge , qui marquoit en montant, à mesure que l'eau tom-
boit d'un autre grand vaisseau , les espaces
des heures sur une règle qui lui étoit oppo-
sée. Ces machines ont été beaucoup perfec-
tionnées depuis. On y applique des sonne-

ries et des mouvements mécaniques mis en
jeu par la chute de l'eau plus ou moins pré-
cipitée. On leur donne telle forme et figure
que l'on veut, pourvu que l'on conserve les
pièces essentielles, qui sont les tambours,
d'un mouvement lent, prompt et mixte. On
peut aussi, au lieu du timbre, faire chanter un coucou ou autre oiseau, en y ajus-
tant un petit soufflet qui se lève à la place
du marteau. M. Amontons avoit inventé
une clepsydre qui avoit trois avantages : de
faire l'effet ordinaire des horloges ; de servir
à la navigation par la connoissance qu'elle
pouvoit donner des longitudes, et de mesurer
exactement le mouvement des artères. Les
clepsydres ne sont pas d'une précision si
juste et si réglée que nos pendules, parce
qu'en général la vitesse des écoulements
dépend d'une infinité de circonstances qu'il
est impossible de prévoir et de calculer.

CLOCHE. L'invention des cloches est
très-ancienne. Kircher prétend que nous la
devons aux Egyptiens, qui, dit-il, faisoient
un grand bruit de cloches pendant la célé-
bration des fêtes d'Osiris. C'étoit avec une
cloche que les prêtres de Proserpine appeloient le peuple aux sacrifices, et ceux de
Cybèle s'en servoient dans leurs mystères.

On assure que ce fut le pape Sabinien qui
en introduisit l'usage dans l'église chrétienne. La fabrication des cloches fut perfectionnée en France dans le XIVᵉ siècle
et sous le règne de Charles V. *Jean Jou-
vente* fit la cloche du palais à Paris.

COLLÉGES. Le plus ancien des colléges
de Paris étoit celui de théologie, qui portoit le nom de Sorbonne. Saint Louis l'avoit
institué en 1252, par le conseil de Robert
Sorbon, son aumônier et son confesseur;
et de là s'étoit fait le nom de Sorbonne.

En 1530, François 1ᵉʳ nomma les professeurs de son nouveau collége, qu'on
appela dès-lors le *Collége Royal.* En 1599,
ces professeurs n'ayant point été payés depuis long-temps, présentèrent une requête
à Henri IV. « J'aime mieux, s'écria ce
prince, qu'on diminue de ma dépense, et
qu'on retranche de ma table pour payer
mes lecteurs : M. de Rosni les paiera. ». Le
surintendant ajouta en parlant à ces professeurs : *Les autres rois vous ont donné
du papier, du parchemin, de la cire ; le
roi vous a donné sa parole, et moi je
vous donnerai de l'argent.*

Ce collége existe encore sous le nom de
collége royal de France. Les professeurs

les plus savants y font des cours publics sur toutes les sciences.

Quant aux colléges d'un ordre inférieur où étoit élevée la jeunesse, ils ont été remplacés par des lycées, dans lesquels on la forme en même temps aux sciences et aux exercices militaires.

COLLIER. L'usage des colliers est de la plus haute antiquité. Tous les peuples anciens en portoient, hommes comme femmes. *Manlius*, surnommé *Torquatus*, n'avoit ce surnom que parce qu'il avoit vaincu dans un combat singulier un Gaulois qui portoit un collier d'or, dont il s'étoit ensuite paré lui-même.

COMÉDIE. Nous devons la comédie aux Grecs, ou, pour mieux dire, nous leur devons toute notre littérature : ce sont eux qui nous ont servi de modèles, et nous ne pouvions mieux choisir. On fait remonter la naissance de la comédie aux poëmes informes que chantoient les vendangeurs, dans l'Attique : déguisés en Satyres, en Silènes, et montés sur les charriots qui alloient du pressoir à la vigne, ces vendangeurs se tournoient mutuellement en ridicule et adressoient des injures aux passants. Ces jeux grossiers donnèrent à quel-

ques poëtes l'idée de composer des ouvrages
propres à faire rire , et d'aller de village en
village les réciter , élevés sur des charriots ou sur des tréteaux. La licence de
ces poëmes força les magistrats à défendre
l'entrée des villes à ces nouveaux acteurs ;
cette défense fut cause que la comédie étoit
encore inconnue à Athènes , dans le temps
même où la tragédie avoit déjà atteint sa
perfection. Enfin on l'admit dans cette ville ,
et même , du temps de Périclès , on proposa
des prix aux acteurs et aux poëtes comi-
ques. Cet encouragement lui fit prendre une
face nouvelle : elle devint un poëme régu-
lier , à l'imitation de la tragédie ; mais elle
conserva sa première licence , et , au lieu
de peindre les mœurs en général , elle s'at-
taqua aux principaux citoyens et aux magistrats eux-mêmes. Ce genre de pièces co-
miques, qui s'appelle *l'ancienne comédie* ,
subsista jusqu'au temps où Alcibiade gou-
verna la république. Il fut alors défendu
aux auteurs de nommer dans leurs ouvrages aucun homme vivant. Pour se conformer à la loi , les poëtes choisirent en effet
des noms supposés , mais ils désignèrent
si bien les personnes qu'ils vouloient livrer
au ridicule , et ils firent faire des masques
si ressemblants , que le public ne manquoit

jamais de prononcer le nom que l'acteur n'avoit pas le droit de faire entendre. Ce nouveau genre fut appelé *la moyenne comédie*. Il fallut encore réprimer cette licence ; et, heureusement pour l'art, les auteurs furent obligés d'étudier et de peindre l'homme en général : ce fut alors que la comédie exista véritablement.

Les Romains imitèrent la comédie des Grecs, et ce fut Livius Andronicus qui, le premier, l'an 514 de la fondation de Rome, fit représenter des pièces régulières. Avant cette époque on n'avoit d'autre spectacle comique que les vers fescennins, chansons grossières et satiriques que l'on accompagnoit de danses et de postures indécentes. Plaute, qui vint après Livius Andronicus, porta la comédie à un haut point de perfection ; Térence fit mieux encore : ses pièces sont plus châtiées et mieux écrites, mais elles ont moins de comique et de force.

En France, l'origine de la comédie, ou plutôt du théâtre, peut remonter jusqu'à Charles V. Le premier essai s'en fit à Saint-Maur, bourg des environs de Paris ; et comme le sujet étoit la passion de Jésus-Christ, les acteurs prirent le titre de *confrères de la passion*. Ils obtinrent pour leur établissement des lettres en date du

4*

4 décembre 1402. François 1er confirma
leurs priviléges en 1518. Ces pièces religieuses eurent de la vogue pendant un siècle
et demi : on commença alors à jouer des
sujets profanes et des bouffonneries. Etienne
Jodelle est le premier qui traita des sujets
sérieux à la manière des Grecs et des Romains, sous Charles IX et Henri III. Jean
Baïf et la Peruse marchèrent sur ses traces.
Garnier, qui vint après, les surpassa sans
cependant aller bien loin. Ce fut Corneille
qui donna sa véritable forme à la comédie,
et Molière, qui vint après, atteignit à un
tel degré de perfection, qu'il semble aux
meilleurs poëtes qu'il n'est plus possible que
d'approcher plus ou moins de cet inimitable
peintre de l'homme.

COMMERCE. L'Asie fut le premier théâtre du commerce, et les Phéniciens furent
les premiers commerçants. Tyr et Sidon
devinrent les premiers entrepôts des ri-
chesses du monde : de là les vaisseaux des
Phéniciens les répandoient de côté et d'autre.

Plus tard la Grèce fut aussi commerçante :
ayant reçu le génie du commerce, de ces
mêmes Phéniciens, elle le transmit à d'autres. Une de ses colonies l'apporta dans l'une
des provinces méridionales du pays que

nous habitons : ce furent les habitants de
Phocée qui fondèrent Marseille au midi de
la Gaule.

Rome fut peu commerçante ; elle aima
mieux mettre à contribution les peuples
qui l'étoient.

En France, le commerce, qui avoit été
pour ainsi dire abandonné sur la fin de la
seconde race et au commencement de la troisième, reprit une nouvelle vigueur sous
Saint-Louis. Henri-le-Grand prit lui-même
soin du commerce françois, et l'un de ses
descendans, Louis XIV, le fit prospérer dans
toutes les parties du monde, par l'établissement des compagnies des Indes occiden-
tales et orientales. Enfin le gouvernement
crée chaque jour de nouvelles ressources
pour l'industrie nationale, et tout donne
droit d'espérer que le commerce de notre
patrie deviendra, par la suite, plus florissant
qu'il ne l'a jamais été.

COMPAS. Instrument de mathématiques dont on se sert pour décrire des cercles et mesurer des lignes. *Talus*, neveu
de Dédale, fut, dit-on, l'inventeur du
compas ordinaire. Il y a plusieurs sortes de
compas. Le plus utile et le plus admirable
est le compas de proportion dont *Juste*

*Brigge*, mécanicien de Guillaume, land‑
grave de Hesse, fut l'inventeur.

COURRIER. Homme dont la fonction est
de porter des dépêches en poste. Les anciens
ont eu aussi leurs courriers : les uns étoient
des *courriers à pied*, qu'ils appeloient *cour‑
riers d'un jour*; les autres étoient des cour‑
riers à cheval, qui changeoient de che‑
veaux comme on fait aujourd'hui. Chez les
Romains, du temps des empereurs, il y
avoit des relais de distance en distance pour
les courriers.

Ce fut en 1464 que des *courriers* et des
postes furent établis dans toute la France,
par Louis XI. (*Voyez Postes*).

CUIRASSE. Hérodote rapporte que les
Assyriens avoient des cuirasses de lin. Pline
remarque que le lin résiste au tranchant du
fer. Pour donner cette force au lin, on le
faisoit macérer dans du vin avec une cer‑
taine quantité de sel. On fouloit et on colloit
jusqu'à dix huit couches de ce lin les unes
sur les autres, comme on fait le feutre. Une
telle cuirasse étoit impénétrable à tous les
traits. Selon le deuxième livre de l'Iliade,
la cuirasse d'Ajax, fils d'Oïlée, étoit de lin.
Par la suite il paroît que l'on mettoit des

cuirasses de fer par-dessus celles de lin et de toile. Le fer et le bronze étoient en général la matière la plus ordinaire des cuirasses. On y employoit aussi quelquefois le cuir, et c'est de là que vient le nom françois *cuirasse*. Chez les anciens, la partie inférieure de la cuirasse étoit appuyée sur une ceinture de lames de fer battu. L'expression *mettre la ceinture* étoit synonime chez les Grecs de celle *s'armer*, parce que le guerrier ne mettoit jamais sa ceinture sans mettre aussi son armure.

Les Francs ne portoient point de cuirasse ; ce fut Charlemagne qui en introduisit l'usage dans les armées françoises. Alors on porta des cottes de mailles, appelées *hauberts*. Ces cottes de mailles furent long-temps en usage. Vers la fin du XIIIe siècle on y substitua une armure d'un fer plein ; composée de pièces qui s'adaptoient aux différentes parties du corps. On reprit ensuite la cuirasse. Sous Philippe de Valois, on orna les lames de la cuirasse par le mélange de différents métaux alliés, soudés, incrustés, et par les bas-reliefs dont on la chargea plus tard. La lourdeur et l'incommodité de cette armure, ainsi que l'invention des armes à feu, la firent quitter. Louis XIII voulut en vain en rétablir l'usage. Quelques corps

particuliers de soldats appelés *cuirassiers*
sont les seuls guerriers qui aient conservé
les deux pièces de la cuirasse qui couvroient
le dos et la poitrine.

CUIRS. Suivant Pline, ce fut un certain
Tychius, natif de Béotie, qui inventa l'art
de préparer les peaux des animaux.

CUIVRE. Les anciens croyoient que c'étoit
du temps d'Osiris que l'art de fabriquer le
cuivre avoit été trouvé dans la Thébaïde :
ce fut Cadmus qui le transmit aux Grecs.

# D

DÉCIMALE ( fraction ). Régiomonta-
nus, célèbre astronome du XV<sup>e</sup> siècle, a
inventé l'art de calculer par les fractions
décimales.

DEMI-LUNE. On doit aux Hollandois
l'invention de cet ouvrage de fortification,
que Vauban a beaucoup perfectionné.

DENIER. Les premiers deniers romains
étoient d'argent, du poids juste d'une
drachme; ils portoient d'un côté l'empreinte
de Janus, et de l'autre la figure du vaisseau
qui l'avoit porté en Italie.

Sous nos rois de la première race, le denier étoit aussi une espèce de monnoie d'argent qui portoit quelquefois la même figure que les sous : souvent elle n'étoit marquée d'aucune empreinte. Nous avons eu plus tard différentes sortes de deniers, dont la valeur a varié suivant les temps et les lieux où ils ont été fabriqués.

DESSIN. Les hommes sont naturellement portés à copier les objets qui frappent leurs yeux : ainsi le dessin doit être un des premiers arts qu'ils ont cultivés. Pour désigner l'origine de cet art agréable, les Grecs ont imaginé un joli conte, que nous rapporterons ici, parce qu'il est si répandu, qu'il seroit presque honteux de l'ignorer.

Une jeune fille qui étoit sur le point de se séparer momentanément d'un jeune homme qu'elle devoit épouser, chercha le moyen de conserver quelques traits de sa figure ; elle remarqua que l'ombre en donnoit le profil sur une muraille. L'amour rend ingénieux : elle traça aussitôt sur la muraille les contours de cette figure chérie. Voilà le premier portrait. Le père de la jeune fille, que l'on appeloit Dibutade, et qui étoit potier, imagina, de son côté, d'appliquer de l'argile sur ces traits, en observant les contours tels qu'il les voyoit dessinés ; il fit cuire cette figure en relief, et un nouvel art fut inventé.

Les Grecs, qui portèrent les arts à un si haut degré de perfection, les reçurent des Phéniciens et des Egyptiens. Ardicès de Corinthe, qui vivoit avant la guerre de Perse, passoit parmi eux pour avoir inventé le dessin ou la manière de profiler avec le crayon et sans mélange de couleur. Dans la suite, ils eurent des espèces d'académies où les enfants de condition libre, qui avoient des dispositions, étudioient le dessin, la peinture et la sculpture. Ils dessinoient sur des planches de buis qu'on lavoit avec des éponges. Les plus habiles maîtres diri- geoient ces écoles.

DIADÈME. Pline présente Bacchus comme l'inventeur du diadème, ornement dont anciennement les rois de certains pays se ceignoient le front. Il paroît que les bu- veurs seuls se servirent d'abord du diadème pour se garantir des fumés du vin en se serrant la tête. On ne sait à quelle occasion il devint chez plusieurs peuples le signe principal de la royauté.

DIALECTIQUE. C'est la logique, ou

l'art de parler sur un sujet quelconque d'une manière conforme à la raison. *Zénon d'Elée* ou *Eléates* fut le premier qui prescrivit ainsi des règles au discours. On nomma la science qu'il venoit de créer *dialectique*; parce qu'il en avoit posé les bases dans un ouvrage fait en forme de dialogue.

DIAMANT. Louis de Berquen, natif de Bruges, est celui qui a inventé l'art de tailler le diamant. Nous devons cette invention à un coup du hasard. De Berquen étoit un jeune homme bien né, jouissant d'une certaine fortune, et qui ne connoissoit rien au travail de la pierrerie. Ayant éprouvé que des diamants s'entamoient lorsqu'on les frottoit un peu fortement l'un contre l'autre, il en prit deux, les monta sur du ciment, les égrisa l'un contre l'autre, et ramassa soigneusement la poudre qui en provint. Ensuite s'aidant de certaines roues de fer qu'il inventa, il parvint, par le moyen de cette poudre, à polir parfaitement le diamant, et à le tailler comme il le jugeoit convenable.

DITHYRAMBE. Suivant Hérodote, ce fut le fameux *Arion de Methymne* qui donna à Corinthe les premières leçons de cette sorte de poésie consacrée à Bacchus.

5

Jodelle, sous le règne de Henri II, ayant fait représenter avec succès une tragédie de *Cléopâtre*, les poëtes, ses contemporains, imaginèrent une cérémonie singulière pour célébrer son triomphe : ils menèrent en pompe chez lui un bouc couronné de lierre. Arrivé là, chacun lui fit son compliment en vers ; et comme la fête regardoit Bacchus, le dieu du théâtre, ces vers furent des dithyrambes. Voici un morceau de celui de Baïf ; il est tout-à-fait à la grecque :

> Au dieu Bacchus, sacron de cette fête,
> Bacchique brigade,
> Qu'en gaie gambade
> Le lierre on secoue,
> Qui nous ceint la tête ;
> Qu'on joue,
> Qu'en trépigne,
> Qu'on fasse maint tour
> A l'entour
> Du bouc qui nous guigne,
> Se voyant environné
> De notre essaim couronné
> Du lierre ami des vineuses carolles ;
> Yach, evoë, yach, ïa, ha, etc.

Quel jargon ! dit M. de Fontenelle qui rapporte ces vers ; mais ce jargon, cependant, donne une idée du dithyrambe des anciens.

DORURE. Elle étoit connue des Grecs

et des Romains, car ils doroient leurs ouvrages de terre, de bois ou de marbre ; mais il est probable qu'ils ne savoient pas dorer d'or moulu les figures et autres ouvrages de métal. C'est de nos jours qu'on a inventé l'art d'appliquer directement le mat et le bruni sur le bois et sur le plâtre sans aucune espèce de blanc d'apprêt ; ce qui est cause, entre autres avantages, que la beauté des profils, la finesse et l'esprit de la sculpture ne sont aucunement altérés, comme ils l'étoient nécessairement auparavant.

DUCAT. Cette monnoie doit son origine à un certain *Longinus* ; gouverneur d'Italie, qui se révolta contre Justin le jeune, empereur ; se fit duc de Ravenne, et se nomma *exarque*, c'est-à-dire *sans seigneur*. Il fit forger à son empreinte et en son nom des monnoies d'or très-pur et à 24 carats, qui furent nommées *ducats*.

Les Vénitiens ont été, après lui, des premiers qui aient fait fabriquer des ducats, vers l'an 1280. Roger, roi de Sicile, en avoit cependant déjà fait fabriquer dès l'an 1240.

# E

ECHECS. Le jeu des échecs fut inventé
dans l'Inde : voici de quelle manière.

Au commencement du V⁰ siècle de l'ère
chrétienne, un monarque indien opprimoit
ses sujets, et méprisoit les représentations
que lui faisoient à cet égard les prêtres et les
grands. Un bramine nommé Sissa, fils de
Daher, touché des malheurs de sa patrie,
voulut essayer si, à la faveur d'une espèce
d'apologue, il ne parviendroit pas à faire rougir
le prince de l'oubli de ses devoirs; et, dans
cette vue, il imagina le jeu des échecs, où
le roi, quoique la plus importante de toutes
les pièces, est impuissant pour attaquer et
même pour se défendre contre l'ennemi
sans le secours de ses soldats et de ses
sujets. Le pieux artifice réussit complète-
ment, et le prince fut si content de la manière délicate avec laquelle le bramine lui
avoit fait sentir ses torts, qu'il lui laissa le
choix d'une récompense. Le philosophe indien demanda qu'on lui donnât le nombre de grains de blé que produiroit le
nombre des cases l'échiquier : un seul pour
la première, deux pour la seconde, quatre
pour la troisième, et ainsi de suite en dou-

blant toujours jusqu'à la soixante-qua-
trième. Le roi le trouva modeste, et accorda
sans réflexion; mais ses trésoriers lui apprirent bientôt que la somme de ces grains de
blé devoit s'évaluer à 16384 villes, dont
chacune contiendroit 1024 greniers, dans
chacun desquels il y auroit 174762 mesures, et dans chaque mesure 32768 grains.
Le bramine, qui n'avoit voulu que lui
donner une seconde leçon, saisit cette occasion de lui faire sentir combien il importe
aux souverains de se tenir en garde contre
ceux qui les entourent.

Nos meilleurs auteurs disent que les
échecs des anciens étoient ordinairement
de verre. Tamerlan aima beaucoup ce jeu.
Avant notre révolution, on gardoit dans le
trésor de Saint-Denis les échecs de Charlemagne, qui étoient figurés.

ÉCOLE. Chez les anciens, comme chez
nous, le mot école a toujours servi à désigner un endroit où l'on enseigne. Toutes
les villes de la Grèce, sans en excepter
Lacédémone, avoient leurs écoles. Ce qu'on
enseignoit dans chacune d'elles répondoit à
l'âge de ceux qui y étoient admis. Jugeons
de toutes les autres par celles d'Athènes.

On conduisoit les enfants, dès l'âge le

plus tendre, à de petites écoles où ils
apprenoient à lire et à écrire : on ne peut
en douter après le reproche que Démosthène
fait à Eschine, son rival en éloquence,
d'avoir, dans son enfance, balayé la classe,
lavé les bancs, broyé l'encre, et d'avoir
été le valet et non le compagnon des autres enfants. De ces premières écoles on passoit dans celles où l'on enseignoit la grammaire, la poésie et la musique. Homère y
étoit particulièrement lu avec une sorte de
vénération. Alcibiade, encore jeune, étant
entré dans une école où il ne trouva point
les ouvrages de ce poëte immortel, donna
un soufflet au maître, le traitant d'igno-
rant qui déshonoroit sa profession. Venoient
enfin les écoles de rhétorique et celles de
philosophie : Aristote, Isocrate, Socrate,
Platon, Théophraste, furent la gloire de
ces écoles. Ce bienfait de l'éducation s'étendoit jusque sur les jeunes filles, même sur
celles de la populace. Athènes étoit une
ville où tout le monde parloit bien, et où
la dernière classe du peuple prétendoit,
comme toutes les autres, à la pureté du langage. Cicéron raconte que Théophraste, dis-
putant avec une marchande d'herbes sur le
prix de quelque chose qu'il vouloit acheter, la
marchande lui répondit : *non, monsieur*

*l'étranger, vous ne l'aurez pas à moins.*
Théophraste, qui effectivement n'étoit pas
né à Athènes, se piquoit cependant de parler le langage attique en perfection.

Les écoles pour les filles sont les premières dont il soit possible de constater
l'établissement à Rome. Elles existoient
dès l'an 304 de sa fondation. Des gram-
mairiens grecs y vinrent former des écoles
de grammaire, vers l'an 550. De la langue
grecque on y passa à l'étude de la langue
latine : on y lisoit, du temps de Cicéron,
les poëtes nationaux, tels qu'Ennius, Ac-
cius, Pacuvius, Livius Andronicus, Térence, etc. Ce furent encore des rhéteurs
grecs qui fondèrent à Rome des écoles de
rhétorique, vers l'an 600. D'abord tous les
exercices s'y faisoient en grec ; ce ne fut
que vers le temps de Cicéron que l'on commença d'y enseigner en langue latine. La
philosophie fut encore apportée dans cette
ville célèbre par des philosophes grecs. Ces
nouveaux maîtres y furent long-temps trou-
blés par les magistrats, qui craignoient que
la jeunesse romaine ne tournât du côté de
la philosophie et de l'éloquence toute son
émulation et son ambition : ils eurent sur-
tout pour ennemi le sévère Caton, qui
vouloit que les Romains préférassent la

gloire de bien faire à celle de bien parler.

Charlemagne fut le premier roi françois qui établit des écoles publiques en France; on y enseignoit aux enfants la grammaire, l'arithmétique et le chant d'église. On y donnoit aussi des leçons de théologie aux ecclésiastiques. Depuis le XII<sup>e</sup> siècle ces écoles ont fait place aux universités.

ÉCRITURE. Pour perpétuer leurs idées, les hommes ont commencé tout naturellement par dessiner les images des choses : pour exprimer l'idée d'un homme ou d'un cheval, ils figuroient un homme ou un cheval. Les caractères hiéroglyphiques succédèrent. Les Egyptiens en avoient de deux sortes : ceux qui appartenoient à tout le monde, et ceux qui, réservés pour les choses sacrées, étoient un secret pour tout ce qui n'étoit pas prêtre ou initié. Dans les hiéroglyphes une seule figure étoit le symbole ou l'image de plusieurs choses. S'il s'agissoit de marquer un siége, les Egyptiens peignoient une échelle à escalader; deux mains dont l'une tenoit un bouclier, et l'autre un arc, désignoient une bataille, etc.

Les Chinois ont fait dans ce genre un pas de plus; ils ont rejeté les images, et n'ont conservé que les marques abrégées,

qu'ils ont multipliées jusqu'à un nombre
prodigieux. Chaque idée ayant en Chine
sa marque distincte, les caractères chinois
sont devenus communs à diverses nations
voisines; et, malgré la différence du langage,
les Chinois, les Siamois, les Tunquinois et
les Japonois, lisent les mêmes livres. Il en
est de l'écriture chinoise comme de nos
chiffres et de nos opérations arithmétiques,
qui sont connues et entendues de tant de
peuples divers.

L'écriture proprement dite a, rapporte-t-on,
été inventée par le secrétaire d'un roi d'E-
gypte. Cet homme, nommé *Thaït* ou *That*,
sentant que le discours, quelque varié et quelqu'étendu qu'il puisse être, pour les idées,
n'est pourtant composé que d'un assez petit
nombre de sons, entreprit de leur assigner
à chacun un caractère représentatif, et forma
ainsi le premier alphabet. Cette manière
de représenter les sons de la voix pour
exprimer toutes les pensées et les objets que
nous avons coutume de désigner par ses
sons, parut si simple et si féconde, qu'elle
fit une fortune rapide.

Les premières lettres connues en Europe
furent les lettres grecques. Les Grecs avoient
eux-mêmes reçu le premier alphabet des
Phéniciens, par Cadmus, qui, quoique

5 *

originaire d'Egypte , étoit né en Phénicie.

Les matières sur lesquelles on a écrit ont suivi la marche, les progrès et la gradation de l'esprit humain. Le bois servit le premier à l'écriture. Les rouleaux, ou d'écorce, ou de feuilles d'arbre , le suivirent de fort près ; et les pierres , les briques et les métaux furent bientôt mis en œuvre pour conserver des monuments à la postérité la plus reculée. Telles furent les tables de la loi ; les hiéroglyphes des Egyptiens sur les pyramides et obélisques ; les douze pierres précieuses chez les Juifs ; les lois de Solon écrites sur des tables de bois ; les lois des douze tables chez les Romains , gravées sur l'airain ; les lois pénales, civiles et cérémoniales des Grecs , inscrites sur des tables de pareille matière, qu'ils appeloient cyrbes.

Au IVᵉ siècle on se servoit de tables d'airain ou de cuivre, ou de tablettes de bois, enduites de céruse, ou de nappes de linge. Les tables de plomb ont aussi servi à l'écriture ; l'ivoire, le buis, le citron et même l'ardoise ont eu leur tour.

Voici comment les Romains gravoient leurs lois sur des tablettes de chêne. Ou les tablettes étoient nues, ou elles étoient enduites : dans le premier cas , elles s'appeloient *schedæ* chez les Romains, et *oxones* chez les Grecs. De ces tables de bois, on

faisoit des livres, *codices*, qui, étant gravés sans enduit, étoient par conséquent
ineffaçables. Dans le second cas, taillées
plus en petit, elles étoient recouvertes, ou
de cire, ou de craie, ou de plâtre : la première espèce s'appeloit *ceræ*, et en général
elles se nommoient *tabulæ*. La cire étoit
assez communément verte on noire : au moins
celle des tablettes qui nous restent paroît-elle
noire ou d'un vert très-obscur. Ces tablettes n'étoient quelquefois enduites que d'un
côté, quelquefois des deux. Lorsqu'elles
étoient remplies, et que l'écriture qui y
étoit tracée n'intéressoit plus, on l'effaçoit,
en rendant uni l'enduit de la cire, et ensuite
on s'en servoit de nouveau. L'usage des
tablettes a duré jusqu'à ce que le papier
ait prévalu, c'est-à-dire jusqu'au commencement du XIV$^e$ siècle.

Avant la découverte de l'imprimerie,
l'écriture pouvoit seule publier ce que l'on
jugeoit devoir rendre public. Plus de dix
mille écrivains subsistoient de cet art dans
les villes d'Orléans et de Paris. On a, de ces
temps-là, des manuscrits tracés avec une
précision et une délicatesse qui égalent ou
surpassent même la beauté de nos éditions
les plus recherchées. L'écriture a ses chefs-
d'œuvres. *Girolomo Rocco*, vénitien, dédia

au duc de Savoie, l'an 1603, un livre manuscrit, orné d'un si grand nombre de caractères et tirades de sa main, si bien faites, que le prince, admirant son industrie,
lui mit sur-le-champ au cou une chaîne
d'or, du prix de 125 écus.

On fit même en ce genre des choses tout-
à-fait extraordinaires. Le frère *Alumno*,
religieux italien, renferma tout le symbole
des apôtres, avec le commencement de l'é-
vangile de saint Jean, dans un espace grand
comme un denier. Cet ouvrage fut admiré
de l'empereur Charles V et du pape Clément VII. Un François présenta à la reine
Elisabeth un papier de la grandeur d'un
liard, dans lequel il avoit écrit les dix
commandements de Dieu, le symbole des
apôtres, l'oraison dominicale, le nom de la
reine et la date de l'année.

Parmi les modernes, ceux qui ont excellé
le plus en France dans l'art d'écrire à la
plume, sont Barbedor, Alais, Lesgret,
Sauvage, Rossignol, Vincent, Roland, etc.
Les écrivains les plus célèbres d'Allemagne
sont Nenderser, Goos, Houthusius, Wolffen,
Losenawen et Friedestapten.

ÉGOUTS. Ce sont des canaux souterrains faits pour l'écoulement des eaux et des

immondices d'une ville, d'une rue, ou de
quelque grande maison. Les égouts de
Rome, que les Romains nommoient *cloacæ*,
sont célèbres. Ils furent construits sous le
règne de Tarquin l'ancien. Ils traversoient
toutes les parties basses de la ville, et, rece-
vant dans leur sein toutes les eaux et toutes
les ordures, maintenoient la propreté et la
salubrité. Quatre cents ans après qu'ils eurent
été construits, Caton le censeur et son col-
lègue Valerius Flaccus les firent nettoyer et
réparer. Pendant son édilité, Agrippa, qui
fit faire dans Rome tant de travaux aussi
remarquables par leur utilité que par leur
beauté, construisit des cloaques si grands
et si nombreux, que, suivant l'expression
de Pline, il bâtit sous la capitale de l'Empire romain une ville navigable. Sept ruisseaux s'y précipitoient avec une force capable d'entraîner non-seulement les immondices, mais encore les pierres et les
décombres que la rapidité des eaux empor-
toit dans ces souterrains. La *cloaca maxi-
ma*, c'est-à-dire le principal des égouts,
existe encore, et est un objet d'admiration
pour tous les architectes. Elle est bâtie de
grandes pierres de taille, et couverte d'une
triple voûte. Sa largeur intérieure est de
quatorze pieds. Les cloaques de Rome ont

été, avec raison, mis au nombre des merveilles de cette ville. Denys d'Halicarnasse, qui y vint sur la fin du règne d'Auguste, dit que trois choses contribuèrent à lui donner une haute idée de la grandeur de Rome : ses routes, ses aqueducs et ses cloaques.

Ce fut Hugues Aubriot, prévôt de Paris, sous les règnes de Charles V et de Charles VI, qui entreprit le premier de faire construire des égouts dans Paris.

ÉLECTRICITÉ. Le mot électricité vient du mot grec *electron*, ambre, parce que l'ambre étant frotté, attire des corps forts légers, tels que la paille, les feuilles, etc. Les anciens connoissoient cette propriété de l'ambre ; et les physiciens modernes ont remarqué que cette propriété étoit aussi celle du soufre, du jayet, de la cire, des résines, du verre, des pierres précieuses, de la soie, de la laine et de presque tous les poils des animaux. Un grand nombre d'expériences ont prouvé que tous les corps de la nature, les métaux exceptés, pouvoient devenir électriques. Quelle est la cause de l'électricité ? c'est ce que l'on ne sait pas encore.

Les premières observations sur l'électricité sont d'un physicien anglois, appelé Gilbert. Quelque temps après Othon de Gue-

rick, bourguemestre de Magdebourg, s'avisa
de faire avec un globe de soufre des expériences qui donnèrent des connoissances
plus exactes sur cette propriété des corps :
ce fut la première machine de rotation qui
parut. Cet habile physicien découvrit le premier les attractions et répulsions électriques, et la possibilité de transmettre l'électricité par le moyen d'un fil. Robert Boyle,
et après lui les physiciens de l'académie de
Florence, firent plusieurs autres observations. Enfin, Hauksbée imagina le tuyau
et le globe de verre, qu'il fit tourner sur son
axe. Il étoit réservé au siècle dernier de produire par la machine électrique les phéno-
mènes les plus étonnants. M. du Fay, à
l'occasion de la douleur qu'il ressentit en
tirant une étincelle de la jambe d'une personne suspendue sur des cordons de soie,
pensa que la matière électrique étoit un
véritable feu capable de brûler aussi bien
que le feu ordinaire, et que la piqûre
qu'il avoit sentie étoit une véritable brû-
lure. En partant de cette réflexion, M. Lu-
dolf, savant allemand, vint à bout d'enflammer l'esprit de vin par une étincelle électrique qu'il tira du pommeau d'une épée.
Aujourd'hui il ne paroît plus douteux que
le fluide électrique, qui semble répandu

par toute la nature, est la même matière
que celle du tonnerre : les nombreuses observations de l'illustre Franklin nous en
ont donné des preuves irrévocables. Il imagina, de faire descendre réellement la foudre
des cieux par le moyen d'un cerf-volant électrique. En conséquence il mit en croix deux
petites lattes assez longues pour atteindre
aux quatre coins d'un grand mouchoir de
soie étendu. Il fixa les coins de ce mouchoir aux extrémités de la croix, en ajou-
tant une corde très-longue, avec laquelle il
avoit fait filer un fil de métal très-délié.
Au sommet du montant de la croix, il
avoit fixé un fil d'archal très-pointu, qui
s'élevoit d'environ un pied au-dessus du
bois. Avec cet appareil il profita de la première occasion où il vit un orage qui mena-
çoit de tonnerre, pour aller se promener
dans une campagne où il enleva son cerf-
volant. Mais il se passa un temps considérable avant d'obtenir aucun signe d'électricité. Enfin, il remarqua quelques fils
détachés de la ficelle de chanvre, qui se
dressoient et se repoussoient les uns les
autres, précisément comme s'ils eussent été
suspendus à un conducteur ordinaire. En
effet le fluide électrique descendoit par cette
corde de chanvre, et étoit reçu par une

clef attachée à son extrémité : la partie de
la corde qu'on tenoit à la main étoit de soie,
afin que la vertu électrique pût s'arrêter
quand elle arrivoit à cette clef. Franklin
chargea des bouteilles à cette clef, et avec
le feu électrique qu'il obtint, il alluma de
l'esprit de vin, et fit toutes les autres expériences que l'on a coutume de faire avec un
globe ou un tube frotté. Cette expérience
ingénieuse le conduisit à l'invention du paratonnerre. ( Voyez ce *mot.* ) Comme cette
expérience est facile, plusieurs jeunes gens
seroient peut-être tentés de la répéter ;
nous croyons donc devoir les avertir que si
elle est amusante elle est en même temps
fort dangereuse. En 1795, M. Brown fit
monter un cerf-volant près d'un nuage élec-
trisé : peut-être avoit-il négligé quelque précaution pour s'isoler de son appareil ; mais
un coup violent de tonnerre se fit entendre, la foudre parcourut la corde du cerf-
volant, et tua sur la place le physicien et
le cheval qu'il montoit.

ÉMAIL. C'est une composition de verre
calciné, de sel, de métaux, que l'on applique avec le feu sur des ouvrages de
terre, de cuivre, d'or, d'argent ; etc.
L'art d'émailler paroît avoir été connu

des anciens. Les briques dont les murs de Babylone furent construits étoient, disent certains historiens, des briques émaillées, dont les émaux représentoient différentes figures.

Ce fut dans le temps de Michel-Ange et de Raphaël que cet art fit de grands progrès à Faenza, à Castel-Durante et dans le duché d'Urbin. Les émaux y brillèrent cependant encore plus par le dessin que par le coloris. On ne s'y servoit que du blanc et du noir, avec quelques teintes légères de carnation au visage et à d'autres parties.

La ville de Limoges étoit néanmoins en réputation pour ses émaux dès le XIII° siècle. En 1197, on appeloit les tables, les vases, les bassins, les boîtes aux hosties, les candélabres, les croix enrichies de ce genre de travail *opus de Limogiú*, ouvrage de Limoges.

La peinture sur l'émail fut trouvée, en 1632, par un orfèvre de Châteaudun, nommé *Jean Toutin*. Il eut pour disciple un nommé Gribalin. Ces deux peintres initièrent dans leur secret une infinité d'autres peintres qui formèrent eux-mêmes des élèves. Robert Vouquer de Blois, l'un de ces derniers, s'immortalisa par ses ouvrages, qui sont de véritables chefs-d'œuvres de l'art.

ENCRE. Ménage prétend que ce mot
vient de l'italien *inchiostro*, qui a été fait du
latin *encaustum*, dont les Polonois ont fait
*incost*, les Flamands *inkt*, et les Anglois
*ink*. C'étoit avec un léger pinceau que les
anciens écrivoient, et ils composoient leur
encre de charbon fait de cœur de pin, pul-
vérisé dans un mortier et détrempé auprès
du feu ou au soleil, avec de la gomme, qui
servoit à lui donner de la consistance.

Deux Athéniens, Polygnores et Mycon,
qui excelloient tous deux dans la peinture,
sont les premiers qui aient fait de l'encre
de marc de raisin, que l'on nomma *trigy-
num*, qui veut dire, *fait de lie de vin*.

Pline rapporte que, de son temps, l'encre
la *plus* commune, celle dont on se servoit
pour écrire les livres, étoit faite avec de la
suie d'un bois qu'on nommoit *tœda*, mêlée
avec celle que l'on tiroit des tuyaux de che-
minées, et dans laquelle on faisoit fondre
de la gomme.

Les empereurs d'Orient souscrivoient avec
de l'*encre rouge* les lettres, les actes, les
diplômes dressés en leur nom, ou émanés
de leur autorité. On faisoit cette encre sacrée, *sacrum encaustum*, avec des coquilles
pulvérisées et du sang tiré de la pourpre.

Les Hollandois attribuent à *Laurent*

*Coster*, natif d'Harlem, l'invention de l'encre dont les imprimeurs se servent de nos jours.

ENGRAIS. La terre se fatigue à force de produire ; il faut de temps en temps la réchauffer, et c'est par le moyen des engrais : l'art est de savoir faire usage de ceux que fournit le pays. On regarde comme une vérité incontestable, qu'il n'en est pas de meilleur que le parcage des moutons. Le fumier ordinaire peut être suppléé par les feuilles, les tiges, les racines de toutes les plantes, les genêts, les roseaux, les fougères, les bruyères, les gazons qui ont été sous les bestiaux, dans les basses-cours, sur les chemins fréquentés, au milieu des boues, la vase des fossés, des égouts, des mares, et en général toutes les immondices.

Depuis quelques années, on s'est chez nous beaucoup plus occupé de l'agriculture qu'on ne le faisoit auparavant; et différents savants ont publié des observations particulières sur les engrais : parmi eux on distingue M. de Planaza.

ENSEIGNES. Signe militaire sous lequel se range particulièrement chaque corps de soldats. Les premières enseignes militaires furent fort simples ; c'étoient des branches de verdure, des oiseaux en plume, des têtes d'animaux, des poignées de foin mises au haut d'une perche. Les Egyptiens peignoient sur les leurs des taureaux et des crocodiles ; les Assyriens, des pigeons ou des colombes ; les Perses portoient dans leurs rangs un aigle d'or au bout d'une pique. Les Romains ne prirent l'aigle pour enseigne que du temps de Marius.

Sous nos premiers monarques, notre principale enseigne étoit l'oriflamme ; on nommoit ainsi la bannière de Saint-Denis, qui étoit rouge, couleur affectée aux martyrs, et chargée de flammes d'or. En partant pour l'armée, les rois de France alloient chercher cette bannière en grande cérémonie : ils la recevoient des mains de l'abbé de Saint-Denis, à genou et les reins ceints.

Outre l'oriflamme, on voyoit encore flotter dans nos armées deux enseignes principales, *la bannière* ou *étendard de France*, que l'on portoit à la tête du corps de troupes le plus distingué, et le *pennon royal*, qui étoit inséparable de la personne du roi.

ÉPÉE. Presque toutes les nations se servent de cette arme offensive. Des historiens font honneur de son invention à

Bélus, roi d'Assyrie, et père de Ninus.

Les Grecs n'avoient que de courtes épées ; un Lacédémonien disoit que *c'étoit pour en frapper de plus près l'ennemi.*

Les épées de nos anciens chevaliers avoient des noms propres : celle de Charlemagne s'appeloit *joyeuse ;* celle de Roland, *durandal ;* celle d'Ogier, *courtin ;* celle de Renaud, *flamberge.*

Un homme de cœur rend volontiers une sorte d'hommage à l'épée d'un héros : don Pedro de Tolena, ambassadeur d'Espagne, rencontrant un jour au Louvre un officier qui portoit l'épée de Henri IV, s'arrêta, mit un genou en terre, et la baisa en disant : *rendons cet honneur à la plus glorieuse épée de la chrétienté.*

ÉPERON. A en juger par plusieurs passages des anciens, l'éperon ne leur étoit pas inconnu. On n'en trouve cependant aucune trace sur les monuments. Il paroît au moins qu'il ne consistoit qu'en une petite pointe de fer sortant en arrière du talon.

Chez nous les éperons étoient autrefois une marque de distinction. On reconnoissoit un chevalier parmi des écuyers, à l'éperon doré ; les écuyers n'en pouvoient porter que d'argentés. Sous Louis le Débonnaire,

en 816, les seigneurs et les évêques assem-
blés défendirent aux ecclésiastiques de porter
des éperons : c'étoit alors une mode pour
les gens de cour.

ÉPIGRAMME. Ce mot, réduit à sa juste
valeur, veut dire inscription. Les anciens
plaçoient ces sortes d'inscriptions sur la
base d'une statue, ou sur le cadre d'un
tableau. Elles étoient ordinairement pleines
d'esprit et de grâce, vives et spirituelles;
et c'est sans doute ce qui a donné l'idée d'en
faire un trait malin, dirigé contre quelque
chose ou contre quelqu'un.

ÉPINGLE. Les dames se servoient, dans
le principe, de brochettes de bois pour attacher les différentes pièces de leur parure;
les premières épingles furent faites en Angleterre, en 1543.
Une épingle subit dix-huit opérations
avant d'être en état de servir.

ÉPITAPHE. C'est une inscription que
l'on place sur un tombeau. Les Athéniens
se contentoient d'y inscrire le nom du mort,
celui de son père et celui de sa tribu. Mais
chez presque tous les peuples anciens,
comme chez nous, l'épitaphe renferme l'é-

loge du mort ; témoin celle des Spartiates tués en défendant le défilé des Thermopyles :

Passant, va dire à Sparte que nous sommes morts ici
pour la défense de ses lois.

Quelquefois l'épitaphe devient un trait de morale ou de satire : on lisoit celle-ci sur le tombeau d'Alexandre-le-Grand :

*Sufficit huic tumulus, cui non suffecerat orbis.*
Ce tombeau suffit à qui l'univers ne suffisoit pas.

. Les premières épitaphes placées sur le tombeau de nos rois sont celles de Pépin et de Charlemagne, rapportées par Eginard. On lisoit sur le tombeau du premier de ces monarques :

Ci-gît Pépin, le père de Charlemagne.

ÉPITHALAME ou CHANT NUPTIAL. Les Hébreux, dès le temps de David, connurent cette espèce de poésie. C'étoit chez les Grecs une simple acclamation d'*hymen*, *ô hyménée !* L'objet de cette acclamation étoit de féliciter les nouveaux époux sur leur union. On dit que *Stésichore*, qui florissoit dans la 42ᵉ olympiade, fut l'inventeur de l'épithalame chez les Grecs.

. Voici quelle fut l'origine de l'épithalame chez les Romains. Parmi les Sabines enlevées sous le règne de Romulus, il s'en trou-

voit une d'une jeunesse et d'une beauté
éclatante. Ceux qui s'en étoient emparés,
craignant qu'on ne la leur ravît dans le tu-
multe, se mirent à crier qu'ils la conduisoient chez *Thalassius*, jeune homme, beau,
bien fait, vaillant, et qui jouissoit de l'estime générale. Le peuple, au lieu de songer
à leur faire la moindre violence, les accom-
pagna par honneur, en faisant retentir les
airs du nom de *Thalassius*. Ce mariage fut
heureux, et, long-temps encore après, les
Romains employoient dans leur acclamation nuptiale le mot de *Thalassius*, comme
les Grecs ceux d'*hymen*, *ô hyménée!* Ils
n'y substituèrent ces derniers que du temps
et par les soins de Catulle.

En Hollande, les graveurs appellent *épi-
talames* des estampes faites en l'honneur
des nouveaux mariés, et dans lesquelles on
les représente avec des attributs allégoriques,
convenables à leur état et à leur qualité.
L'inventeur de cette manière de célébrer les
jeunes époux, fut *Bernard Picart.*

ÉTRIERS. Ils sont d'invention moderne.
Ni les Grecs, ni les anciens Romains n'en
connoissoient l'usage. Les Grecs plaçoient
de distance en distance des pierres le long
des grands chemins, pour aider les cava-

6

liers à monter à cheval. Quand cette ressource leur manquoit, il falloit nécessairement qu'ils se fissent aider par quelqu'un.
Les serviteurs des personnes distinguées et
des vieillards les mettoient ordinairement
à cheval. Les rois vaincus prêtoient souvent
leur dos aux vainqueurs. Caius Gracchus,
dans les soins qu'il se donna pour se rendre
agréable au peuple romain, n'oublia pas
de faire placer sur les grands chemins des
pierres' pour la commodité des cavaliers.
L'empereur *Maurice*, qui a vécu vers la fin
du sixième siècle de notre ère, fait mention des étriers dans son Traité de l'art militaire. Il paroît que ce n'est que du temps
de Théodose, que la selle des cavaliers
romains devint propre à porter des étriers.

La forme des étriers a varié selon les différents siècles et les différents peuples.

On dit qu'Amurat II, empereur des Turcs,
fut empoisonné en 1480, par le moyen d'un
étrier d'une largeur extraordinaire, qui
contenoit un venin si subtil, qu'il perça les
bottes du sultan et lui donna la mort.

En 1769, on vendoit, au Petit-Dunkerque,
vis-à-vis le Pont-Neuf, des étriers à ressort,
disposés de telle sorte qu'ils devoient nécessairement se détacher au moment où le
cheval feroit une chute.

# F

FAÏENCE. Le nom de faïence dérive de Faënza, ville de la Romagne, où l'on croit que la faïence fut inventée : cette composition étoit cependant connue des Egyptiens. L'émail qui couvroit leur poterie, étoit vert ou bleu. L'époque de la belle porcelaine peinte en Italie date depuis 1530 jusqu'en 1560. Sous le gouvernement de Guidobald II, duc d'Urbino, on peignoit la faïence d'après les desseins et les gravures de Raphaël, et c'est la raison pour laquelle on trouve de ce temps des vases dont les peintures sont recherchées. De tous les peintres qui se sont livrés à ce genre de travail, *Orazio Fontano d'Urbino* est le plus renommé.

On a fait à Nevers la première faïence qui se soit fabriquée en France. Le premier four à cet usage y fut établi par un Italien venu à la suite d'un duc de Nevers. Plusieurs de nos villes ont, depuis, obtenu des succès dans ce genre. Les belles figures de Henri II et de Henri III, qui sont appliquées au tombeau de Diane de Poitiers, ont été faites à Ecouen. Les manufactures de faïence de Rouen, et de Sèvre près Paris, sont renommées dans toute l'Europe.

FARD. Le fard a été de tous les temps
et de tous les pays. L'antimoine est le plus
ancien fard dont on se soit servi. Job nomme
une de ses filles, *vase d'antimoine*, *boîte
à mettre du fard.* Isaïe parle des aiguilles
dont les filles de Sion se servoient pour
peindre leurs paupières.

Ce fut des Asiatiques que les femmes
grecques et romaines empruntèrent la coutume de se peindre *les yeux* avec de l'antimoine; mais elles imaginèrent elles-mêmes
deux nouveaux fards qui ont passé jusqu'à
nous, le blanc et le rouge. Sous le règne
d'Auguste, ces deux fards ne pouvoient être
employés que par les femmes de qualité ;
les affranchies et les courtisanes n'osoient
point s'en servir.

Il n'y a point de peuple qui ne soit dans
l'usage de se colorier diverses parties du
corps, de noir, de blanc, de rouge, de
bleu, de jaune, de vert, etc. Avant que
le czar Pierre 1er eût policé les Moscovites, les femmes russes se mettoient déjà du
rouge, s'arrachoient les sourcils, se les peignoient ou s'en formoient d'artificiels. Les
Groenlandoises se bariolent le visage de
blanc et de jaune. Les Zembliennes, croyant
s'embellir, se font des raies bleues au front
et au menton, etc.

Avant d'unir leur sort à celui d'un homme,
la plupart des filles nègres du Sénégal se
font broder la peau de différentes figures
d'animaux et de fleurs de toutes couleurs.

Les Européennes font un grand usage du
blanc et du rouge; elles y joignent même
quelquefois le bleu, pour dessiner agréablement certaines de leurs vaines. Un ambassadeurs turc, prié de dire son sentiment
sur les beautés françoises, répondit qu'il
ne se connoissoit pas en peinture.

FENÊTRE. Chez les anciens, les fenêtres étoient généralement étroites et fort
petites. Sénèque dit que celles du bain de
Scipion n'avoient l'air que de simples cre-
vasses. Il paroît cependant que dans les
maisons de campagne de Pline, à Lauren-
tinum et à Tusci, il y avoit différents ap-
partements, des salles à manger, des galeries, etc. , garnis de grandes fenêtres.
Vitruve dit expressément de disposer les
salles à manger, les autres chambres, les
galeries, corridors et escaliers, de manière
à leur donner un beau jour.

Dans les ruines de Pompéia on n'a trouvé
que peu de maisons qui eussent des fenêtres
sur la rue : encore ces fenêtres ne parois-
sent-elles avoir été faites que pour donner

6*

du jour ; elles sont percéés si haut qu'on
ne peut s'y placer pour voir au dehors. Lés
fenêtres se fermèrent d'abord avec des volets ; ce ne fut que bien plus tard qu'on y
adapta des vitres, qui, selon Pline, étoient
d'abord de pierre spéculaire. On a cependant trouvé à Herculanum, des fragments
de verre plat qui feroient penser qu'on employoit aussi le verre à cette usage.

Ordinairement les temples anciens n'a-
voient pas de fenêtres ; néanmoins quelques-uns en Egypte en avoient. Au-dessus
de la colonnade du grand temple des ruines
de Thèbes, on voit une espèce de fenêtre
en forme d'embrasure ou de canardière.

FER. Les anciens ont connu et travaillé
le fer. On place cette découverte sous le règne de Minos Iᵉʳ, 1431 ans avant J.-C.
La connoissance en passa de la Phrygie en
Europe avec les Dactyles, lorsqu'ils quit-
tèrent les environs du mont Ida pour venir
s'établir dans la Crète. A l'époque de la
guerre de Troie, les Grecs employoient le
cuivre à la plupart des ouvrages auxquels
nous faisons aujourd'hui servir le fer ; non
seulement leurs armes, mais encore leurs
outils et tous leurs instruments des arts mécaniques étoient de cuivre.

Le fer avoit alors tant de valeur, à cause de sa rareté, qu'Achille, dans des jeux célébrés en l'honneur de Patrocle, proposa pour prix une boule de fer.

On sait que les Lacédémoniens et les Bysantins ont eu des monnoies de fer.

Le fer entre dans la composition de la plupart des corps. La chair et le sang des hommes en contiennent une grande quantité. M. Menghini, savant Italien, a éprouvé que deux onces de la partie rouge du sang humain donnoient vingt grains d'une cendre attirable par l'aimant.

FERRER LES CHEVAUX. En Grèce, on ne ferroit point les chevaux.

Ce furent les Romains qui, les premiers, en prirent l'usage ; mais il paroît que cette coutume ne devint générale que sous l'empire de Sévère. Pour donner une idée du luxe de Néron, on nous a appris qu'il ne voyageoit jamais qu'il n'eût à sa suite mille voituriers au moins, dont les mules étoient ferrées d'argent.

Autrefois on ne se servoit point de clous pour ferrer les chevaux : on attachoit les fers avec des liens, à peu près comme des souliers. Charles IX ferroit fort bien son cheval.

**FEU D'ARTIFICE.** On ne sait comment
les anciens remplaçoient la poudre ; mais
les feux d'artifice leur étoient connus : Clau-
dien en parle formellement dans un poëme
composé pour célébrer le consulat de Manlius Théodore, sur la fin du IV^e siècle.

Les Chinois excellent dans l'art des
feux d'artifice, pour la variété des formes,
des couleurs et des effets. Le lord Macart-
ney, ambassadeur du roi d'Angleterre auprès de l'empereur de la Chine, en donne
une grande idée. « Une boîte, dit-il dans
son voyage, fut enlevée à une hauteur considérable, et le fond s'étant détaché comme
par accident, on vit descendre une multitude de lanternes de papier : en sortant de
la boîte, elles étoient toutes pliées et apla-
ties ; mais elles se déplièrent peu à peu, en
s'écartant l'une de l'autre : chacune prit une
forme régulière, et tout-à-coup on y aperçut une lumière admirablement colorée. On
ne savoit si c'étoit une illusion qui faisoit
voir ces lanternes, ou si la matière qu'elles
contenoient avoit réellement la propriété
de s'allumer sans qu'elles eussent aucune
communication extérieure. La chute et le
développement des lanternes furent plusieurs
fois répétés, et chaque fois il y eut de la
différence dans leur forme, ainsi que dans

la couleur de la lumiere qu'elles renfermoient. De chaque côté de la grande boîte
il y en avoit de petites qui y correspon-
doient, et qui, s'ouvrant de la même manière, laissoient tomber un réseau de feu
avec des divisions de formes différentes,
brillant comme du cuivre bruni, et flam-
boyant comme un éclair à chaque impul-
sion du vent. »

Le procédé pour communiquer le feu d'un
artifice mobile à un artifice fixe a été apporté de Bologne en France, en 1743, par
les sieurs Ruggieri.

Le feu vert pour les *feux d'artifice*, a
été trouvé, il y a quelques années, par
M. Margrat.

FEU GRÉGEOIS. Il est ainsi nommé,
parce que ce furent les Grecs qui s'en servirent les premiers : on étoit alors à la fin
du VIIe siècle. L'inventeur, *Callinicus*,
ingénieur d'Héliopolis, en Syrie, en fit
usage dans les batailles que les généraux
de l'armée navale de l'empereur Constantin
Pogonat livrèrent aux Sarrasins, auprès de
Cysique, sur l'Hellespont ; il brûla leur
flotte, qui portoit trente mille hommes. Ce
feu augmentoit de force et de violence dans
l'eau, qui sembloit lui servir d'aliment,

l'huile pouvoit seule l'éteindre. On le jetoit quelquefois avec une espèce de mortier, ou bien avec des arbalètes à tour ; souvent dans des fioles et dans des pots ; d'autres fois, avec des pieux de fer aigu, enduits de poix, d'huile et d'étoupes.

Sous le règne de Saint Louis, les Sarrasins s'en servirent avec un horrible succès contre les croisés.

Chez nous, il y a un certain nombre d'années, un particulier retrouva le feu grégeois, en cherchant une composition pour faire des diamants faux : il fut récompensé de son secret après qu'on en eût fait l'expérience ; mais on exigea de lui qu'il ne le publieroit pas.

FIACRES. L'inventeur des voitures publiques que l'on nomme ainsi, fut, sous le règne de Louis XIV, un nommé *Sauvage* ; il demeuroit rue Saint-Martin, dans un hôtel appelé Saint-Fiacre, et c'est de là qu'est venu le nom de *fiacre*, qui est resté depuis et à la voiture et au cocher.

FIL. Les Egyptiens publioient que c'étoit Isis qui leur avoit enseigné l'art de *filer*. Les Chinois attribuent cette découverte à l'impératrice, femme d'Yao ; les Lydiens, à Arachné ; les Grecs, à Minerve ; les Péruviens , à Méma-Osella , épouse de Manco-Capac , leur premier souverain.

Le rouet pour filer a été inventé à Brunswick, en 1530, par un bourgeois de cette ville , que l'on nommoit *Jurgen.*

FIL D'ARCHAL. Ce nom lui vient de *Richard Archal ,* qui fut le premier inventeur de la manière de tirer le fil de fer.

FLORAUX (Jeux). Ces jeux , institués en l'honneur de *Flora ,* déesse des fleurs, furent célébrés , pour la première fois, l'an de Rome 513., sous deux édiles de la famille des Publiciens ; ils furent déclarés annuels , en l'an 580 , à l'occasion d'une stérilité qui dura plusieurs années , et pour laquelle on crut devoir chercher à fléchir Flore , en lui rendant des honneurs extraordinaires.

Des jeux floraux ont été institués en France, en 1324 , par sept hommes de condition , qui, vers la Toussaint de l'an 1323 , invitèrent , par une lettre circulaire, tous les troubadours ou poëtes de la Provence, à se trouver à Toulouse, le 1er. mai de l'année suivante, pour y réciter des pièces de vers , promettant une violette d'or à celui dont la pièce seroit jugée la plus belle. Le conseil de

ville, jugeant de quelle utilité pouvoit être
un pareil prix, décida que cette invitation
deviendroit un usage qui se répéteroit tous
les ans aux dépens de la ville. Arnaud Vidal
de Castelnaudari, obtint la première violette
en 1324.

Vers l'an 1540, une dame de qualité,
nommée *Clémence Isaure*, laissa la meil-
leure partie de son bien à la ville de Toulouse pour faire les frais des prix, qui seroient des fleurs d'or ou d'argent de différentes espèces.

FLOTTE. Les Phéniciens ont été les
premiers navigateurs : ils commencèrent par
aller visiter successivement la Grèce, la
Sicile, la Sardaigne et les Gaules. Encou-
ragés pas leurs succès, ils passèrent le détroit, l'an 1250 avant J.-C., et leurs flottes
voguèrent sur l'Océan, à la gauche et à la
droite du détroit de Cadix.

L'exemple des Phéniciens ne tarda point
à donner aux Iduméens, aux Hébreux et
aux Syriens l'idée d'équiper aussi des
flottes marchandes. Il est beaucoup question,
dans l'Ecriture, des fréquens voyages que
faisoient les grandes flottes de Salomon en
Afrique, dans la terre d'Ophir et de Tharsis :
c'étoient des Phéniciens qui les conduisoient.

Ce fut Bocchoris qui régnoit en Egypte, environ l'an 670 avant J.-C., qui fut le créateur de la marine égyptienne : jusque-là, elle n'avoit été composée que de barques, ou même de radeaux, dont on se servoit pour côtoyer les bords du golfe arabique. Néchos, son fils, expédia des bords de la Mer Rouge une flotte qui, par ses ordres, fit le tour de l'Afrique, et retourna en Egypte, en rentrant dans la Méditerranée par les Colonnes d'Hercule, c'est-à-dire par le détroit de Gibraltar : cette entreprise maritime fut exécutée en trois ans de temps par les Phéniciens.

Athènes fut célèbre par sa marine ; on disoit dans toute la Grèce : *Les Athéniens pour la mer.*

Dans la première guerre punique, on vit aux Romains une flotte de cent soixante voiles : les Romains ne mirent que soixante jours à couper le bois, et à fabriquer tous ces vaisseaux. Ils étoient très-expéditifs dans ces sortes d'opérations : à l'époque de la seconde guerre punique, ils mirent une flotte en mer en quarante-cinq jours.

Il y avoit dans les flottes grecques et romaines deux sortes de vaisseaux de guerre : les uns grands et pesants, les autres petits et légers ; ces deux sortes de vaisseaux se

divisoient en *birèmes*, *trirèmes*, *quadri-*
*rèmes*, *quinquérèmes*. On se servoit plutôt
des rames que des voiles pour les vaisseaux
de guerre ; l'usage étoit tout opposé pour
les vaisseaux marchands ou de transport.

La flotte la plus célèbre dans l'histoire
moderne, est celle que Philippe II prépara
pendant trois ans en Portugal, à Naples et
en Sicile, pour détrôner la reine Elisabeth.
Elle étoit composée de cent trente vaisseaux,
de cinquante-sept mille huit cent soixante-huit
tonneaux, dix-neuf mille deux cent quatre-
vingt-quinze soldats, huit mille quatre cent
cinquante matelots, deux mille quatre-
vingt-huit esclaves, et deux mille six cent
trente grandes pièces d'artillerie, sans
compter vingt caravelles pour le service
de l'armée navale, et dix vaisseaux d'avis
à six rames.

Nos plus grands hommes de mer ont été
les Chabot, les Duguay-Trouin, les Jean-
Bart, les Tourville, les d'Estaing, les
Suffren, etc., etc.

FOIRE. Ce mot dérive du latin *forum*,
qui veut dire *marché*, ou bien de *feriis*,
qui veut dire *fêtes*, parce que de tout
temps on a tenu les foires au lieu où se cé-
lèbrent les fêtes ou dédicaces des églises.

La plus ancienne foire de France étoit celle du *Landi*. Suivant les chroniques du IXe siècle, elle fut établie à Aix-la-Chapelle par Charlemagne, et transférée par Charles le Chauve à Saint-Denis.

C'est en 1482, sous Louis XI, que l'on vit, pour la première fois, à Paris, la foire de Saint-Germain, qui fut long-temps célèbre, mais qui n'existe plus à présent.

Les foires les plus renommées sont, en France, celles de Beaucaire, de Lyon, de Guibrai, de Bordeaux, de Lorient, etc. En Allemagne, celles de Leipsick et de Francfort.

**FONDERIE**, ou *l'art de jeter les métaux en fonte*. La fonderie a été connue des Égyptiens et des Grecs, mais ils n'ont rien fait en cela que de médiocre pour la grandeur : ce colosse de Rhodes si vanté, étoit un composé de pièces rapportées.

Plus heureux que les anciens, nous avons exécuté de très-grands ouvrages d'un seul jet, témoin la statue équestre qui, en 1699, fut élevée par la ville de Paris dans la place Vendôme. Ce procédé avoit été perdu ; M. le Moine, habile sculpteur, le retrouva lorsqu'il fut chargé d'exécuter la statue équestre de Louis XV pour la ville de Bordeaux,

La fonte de nos canons s'est aussi perfectionnée : autrefois on couloit un canon
à peu près comme on fond une cloche ; cette
méthode les rendoit sujets à crever : un
nommé Maritz trouva, il y a environ vingt-
cinq ans, moyen de remédier à ce défaut,
en imaginant de couler les canons pleins et
massifs ; ensuite, à l'aide d'une nouvelle
machine qu'il inventa en forme d'alezoire,
il parvint à forer les canons, et à égaliser
parfaitement leur surface intérieure.

FONTAINE. Il est des fontaines qui sont
l'ouvrage de la nature ; il en est qui sont
l'ouvrage des hommes. Chez les anciens,
les fontaines étoient un des principaux ornements ; chaque ville en possédoit au moins
une célèbre, consacrée à quelque divinité,
ou bien désignée par le nom de son fondateur, par celui de l'endroit où elle étoit
située, ou par un nom qui rappeloit quelque
grand événement. Dans la ville de Mégare,
on voyoit une fontaine établie par Théa-
gènes, et très-remarquable par sa grandeur
et sa magnificence. Dans le bois sacré d'Esculape, à Epidaure, il y avoit une fontaine
que Pausanias cite comme remarquable, à
cause de ses ornements. A Patræ, on en
avoit construit une devant le temple de

Cérès, et à quelques pas étoit un oracle pour les malades.

Les fontaines les plus estimées à Paris, quant à l'architecture et à la sculpture, ont été jusqu'à présent celle des Innocents, qui est un vrai chef-d'œuvre ; celles de la rue de Grenelle, de l'Apport-Paris, du boulevard du Temple, etc., qui font l'admiration des amateurs des beaux-arts.

Plusieurs fontaines naturelles ont leur flux et reflux comme la mer, parce qu'elles communiquent avec elle par des conduits souterrains.

Un fameux plongeur sicilien ayant été chercher dans le gouffre de Charybde une coupe d'or que le roi de Sicile y avoit fait jeter exprès, assura qu'il y avoit de grosses sources qui sortoient du fond de la mer en cet endroit-là ; le prince y fit jeter encore une bourse attachée à une seconde coupe, le plongeur y retourna, mais il ne reparut plus.

FORGE. En France, une manufacture avoit poussé la solidité, la précision et l'ornement jusqu'à couler des balcons, des rampes d'escalier, des lustres, des bras, des feux ; au moyen du recuit, on mettoit ensuite ces ouvrages en état d'être polis au dernier brillant. L'entrepreneur ayant fait de mauvaises affaires, disparut sans avoir laissé son secret; mais M. de Réaumur annonça bientôt qu'il avoit re-trouvé ce secret, et en fit part au public.

FORTE-PIANO. Voyez *Clavecin*.

FORTIFICATION. Les premières for-tifications consistèrent en une enceinte de pieux ou palissades; on les forma ensuite de murs, avec un fossé au-devant; on ajouta depuis à ces murs des tours rondes et carrées, placées à une distance convenable les unes des autres, pour défendre toutes les parties de l'enceinte des places. Les for-tifications actuelles sont en terre, et on les élève le moins possible, afin que le canon ait peu de prise sur elles.

Amphion, qui régnoit à Thèbes vers l'an 1390 avant J.-C., fut, dit-on, le pre-mier des Grecs qui fortifia sa capitale. Ce fut peu de temps avant Périclès et Alcibiade que les Athéniens connurent les fortifica-tions. Les Spartiates crurent de telles pré-cautions indignes de leur courage : aucune ville de la Laconie ne fut jamais fortifiée.

Charles-Quint est le premier qui ait fait usage des citadelles : ce fut pour contenir les habitans de Gand et d'Utrecht.

Le plus grand ingénieur peut-être qui ait jamais existé, celui qui sous le règne de Louis XIV a entièrement changé l'art de la fortification en Europe, est Sébastien Le Prestre de Vauban, maréchal de France.

FOULERIE. Le foulage donne de la consistance aux draperies, et la qualité d'une étoffe dépend en partie de la manière dont elle a été foulée. Les Grecs attribuoient cette invention, qui remonte au temps de la guerre de Troie, à un certain Nicias, de Mégare. L'opération du foulage actuel consiste dans le jeu d'espèces de gros maillets de bois qui, par le moyen d'une roue, tombent successivement dans des auges où les draps sont renfermés.

FOUR. Selon Suidas, un Egyptien nommé Annos, imagina de faire de petits fours carrés. On perfectionna cette invention en creusant des bancs d'argile, où l'on fit des fours d'une seule pièce, et l'on parvint enfin à en construire de briques, de grès, etc. Au temps de saint Jérôme on connoissoit déjà les fours de campagne.

Autrefois il y avoit à Paris des fours bannaux : Philippe le Bel, en 1305, abolit cette bannalité, et permit aux habitans d'a-

voir des fours dans leurs maisons, et même
de vendre du pain à leurs voisins.

FRANGES. Dans l'origine, les franges paroissent n'avoir été autre chose que les poils
longs des peaux qu'on laissoit pendre, ou les
fils qui dépassoient le bord du drap dont on
se servoit pour s'habiller : par la suite, cela
donna lieu à imaginer l'ornement connu sous
le nom de franges. Homère décrit l'égide de
Minerve, comme ornée d'une frange composée de cent touffes d'or bien tissues, dont
chacune valoit cent bœufs. L'usage de porter
des habits ornés de franges riches, semble
avoir commencé dans les pays de l'Orient.
Il paroît qu'on ornoit de franges sur-tout la
tunique, et que c'est à ces franges de la
tunique qu'on doit rapporter l'origine de
cette espèce de ceinture, composée de bandes
séparées qu'on voit au bord inférieur des cuirasses romaines. Suétone remarque, comme
un signe de mollesse de Jules César, que ce
général se servoit d'une tunique à manches
longues, garnies de franges à leur extrémité.
Casaubon observe, à ce sujet, que les man-
chettes et le collet de nos chemises ont au
fond la même origine ; c'est-à-dire qu'on a
voulu orner de franges le bout des manches et
la partie des chemises qui se trouve autour
du cou.

FRESQUE. On nomme *peinture à fresque* une peinture faite en couleurs détrempées avec de l'eau sur un enduit assez frais pour en être pénétré. Cette peinture venant à s'incorporer avec le mortier, ne périt et ne tombe qu'avec lui. Les Grecs et les Romains ont connus ce genre de peindre, que les Italiens ont retrouvé et nous ont transmis.

FRONDE. Pline croit que les Phéniciens ont été les inventeurs de la fronde. On sait que ce fut l'arme dont se servit David pour vaincre Goliath. Les habitants des îles Baléares, aujourd'hui Majorque et Minorque, ont été très-célèbres chez les anciens, par leur habileté à se servir de la fronde. Les Romains, qui empruntoient les armes de tous les peuples, eurent aussi des frondeurs, et même dès le temps de Servius Tullius. Les modernes les admirent également dans leurs armées, et nous avons continué à nous servir de la fronde long-temps après l'invention de la poudre à canon. En 1572 cette arme fut encore employée par les protestants renfermés dans Sancerre.

FUSIL. L'on n'a commencé à se servir généralement du fusil dans les troupes, que vers l'an 1704; avant cette époque on y avoit l'arquebuse et le mousquet.

7*

FUSIL A VENT. Les anciens connoissoient le fusil à vent ; un certain *Ctesibius*
l'avoit inventé.

On attachoit un grand prix en Allemagne
aux fusils à vent de la fabrique de Jean
Lobsinger, mécanicien de Nuremberg ,
mort en 1570.

# G

GALÈRE. C'est un vaisseau à rames de
vingt-cinq à trente bancs de chaque côté, et
de quatre, cinq ou six rameurs à chaque
banc. On fait venir ce mot du latin *galea*,
à cause de la figure d'un casque que les Romains mettoient sur la proue de leurs galères. Le navire *Argo*, l'amiral de la flotte
des Argonautes, étoit une galère. Le premier bâtiment de cette espèce à trois rangs
fut fabriqué à Corinthe.

Il y a eu des galères à Marseille dès le
règne de Charles IV ; dit le Bel. Jacques
Cœur, argentier de Charles VII, en avoit
quatre.

Le général des galères étoit en France
un des grands officiers de la couronne.

M. Macary a imaginé une galère de vingt-
quatre rames, à la manœuvre de laquelle
quatre hommes suffiroient.

GALVANISME. Galvani, professeur de
médecine à Bologne, a publié, en 1796,
un phénomène qui a excité l'attention générale. Il disséqua une grenouille, tandis
que quelqu'un, dans la même chambre,
tiroit des étincelles d'un conducteur électrique. Les muscles, mis à nu, donnoient
des signes sensibles de mouvement, toutes
les fois que les nerfs étoient en contact avec
le scalpel, qui faisoit alors l'office d'un conducteur métallique. Il varia ses expériences,
dépouilla une grenouille, mit à découvert
les nerfs qui descendent de l'épine du dos
dans les jambes, les enveloppa d'une feuille
d'étain, appliqua l'une des deux extrémités
d'un compas ou d'une paire de ciseaux sur
la feuille d'étain, et toucha de l'autre un
point de la surface de la jambe ou de la
cuisse de la grenouille. Chaque attouche-
ment excitoit des mouvements convulsifs
dans les muscles, qui demeuroient immo-
biles lorsqu'on les touchoit sans communiquer avec la feuille d'étain qui envelop-
poit les nerfs. Le même effet a lieu sur une
grenouille morte décapitée, ou même réduite à sa moitié inférieure.

Il faut nécessairement que les métaux
de l'expérience soient de nature différente.
Ceux qui, pris deux à deux, paroissent

produire l'effet le plus énergique, sont l'argent ou le zinc d'un côté, et l'étain ou le plomb de l'autre. Le zinc d'un côté en contact avec l'or ou l'argent de l'autre, semblent produire des effets encore plus marqués.

Des découvertes récentes ont prouvé que les effets ne se bornoient pas au cas de l'application des métaux. On peut exciter les contractions sans écorcher la grenouille, en la posant sur du zinc ou de l'étain, en la touchant quelque part avec de l'argent, et mettant en contact le zinc et l'argent.

Quelles sont les véritables causes de ce phénomène, et jusqu'à quel point cette découverte pourra-t-elle être utile à l'humanité? c'est ce que l'expérience fera peut-être connoître un jour.

GAMME. La gamme, qui est la table ou échelle où sont placées les notes de musique, a été inventée en 1026 par *Gui*, surnommé *Arétin*, parce qu'il étoit religieux d'Arezzo en Toscane. Il l'appela gamme, à cause de la lettre grecque *g* ou *gamma* qu'il ajouta aux premières lettres qui lui avoient servi à coter ses tons ou intervalles. On employa les lettres et le point pour marquer les différents degrés des sons jusqu'en 1330, qu'un nommé *de*

*Mœurs*, né à Paris, inventa les caractères que l'on a désignés sous le nom de *notes*. Vers 1684, un certain Le Maire, françois d'origine, inventa la note *si*, qui fut généralement adoptée.

GAZE. Ducange croit que ce tissu léger, ou tout fil, ou tout soie, ou fil et soie, a été ainsi nommé, parce qu'il est venu premièrement de Gaza, ville de Syrie. Les anciens avoient des gazes très-fines, mais celles de Paris ne leur cèdent en rien.

GAZETTE. Les gazettes existent à la Chine, de temps immémorial.

Ce fut au commencement du XVIIe siècle, qu'on vit à Venise la première gazette ; on appela ces feuilles qu'on donnoit une fois par semaine, gazettes, du mot *gazetta*, petite monnoie équivalente à un de nos demi-sous, qui avoit cours alors à Venise, et qui étoit sans doute le prix du journal.

Le médecin *Théophraste Renaudot* fut l'inventeur de la *Gazette de France*, qui commença à paroître au mois d'avril 1631, sous le règne de Louis XIII : il l'avoit imaginée dans l'intention d'amuser ses malades.

GÉOGRAPHIE. Selon les traditions des Égyptiens, ce fut Hermès, autrement dit

Mercure, qui leur enseigna les premiers
principes de la géographie. La première
carte dont parlent les auteurs anciens, est
celle que Sésostris, le premier et le plus
célèbre conquérant de l'Egypte, fit dresser
pour mettre son peuple à même de juger du
nombre des nations qu'il avoit soumises à
son empire.

Alexandre étoit toujours accompagné de
ses deux ingénieurs, Diognètes et Beton ; ils
levoient la carte des pays que traversoit le
roi de Macédoine.

C'étoit encore du temps d'Alexandre
que florissoit Pythéas, géographe de Marseille. La géographie sembla chez ce dernier une véritable passion : il parcourut
l'Europe, depuis les Colonnes d'Hercule
jusqu'à l'embouchure du Tanaïs ; il avança
par l'Océan occidental jusque sous le cercle
polaire arctique ; ayant remarqué que plus
il marchoit vers le nord, plus les jours devenoient grands, il fut le premier à désigner ces différences graduelles de jours
par climats.

Ce fut sous le règne d'Auguste que la
description générale du monde, qui avoit
occupé les Romains pendant deux siècles,
fut enfin achevée sur les mémoires d'A-
grippa, et exposée aux regards du peuple,

sous un grand portique construit exprès.

Les anciens n'ont jamais pu marquer la situation exacte et respective des mers, des continents et des îles, faute d'instruments astronomiques et de machines convenables.

Nos rois, jaloux de contribuer de toutes les manières aux progrès des sciences, ont honoré de la qualité de *leurs géographes* ceux de tous les pays qui s'appliquoient à perfectionner la géographie.

Le géographe françois qui s'est le plus distingué dans le XVII^e siècle, a été *Nicolas Sanson d'Abbeville*, né en 1600.

Ce fut au commencement du siècle suivant que l'on appliqua à la géographie les observations astronomiques. Le P. Riccioli, jésuite italien, avoit eu le premier cette idée ; mais c'est aux Picard, aux de La Hire et aux Cassini, qu'on doit la grande entreprise de la mesure de la terre.

GÉOMÉTRIE. L'Egypte fut le berceau de la géométrie, comme de presque toutes les autres sciences. Selon Hérodote et Strabon, les Egyptiens créèrent la géométrie en inventant l'art de mesurer et de diviser les terres confondues par les inondations du Nil. On ajoute que ce fut Thalès qui d'Egypte, porta la géométrie en Grèce. Ce sage

ajouta à ce qu'il avoit appris, et fut l'auteur
de plusieurs propositions, qui sont, dans
*Euclide*, les 5ᵉ, 15ᵉ, 25ᵉ, du premier livre
de ses *Eléments*, et la 31ᵉ du 3ᵉ livre.
Après lui, vint Pythagore qui découvrit la
fameuse proposition du carré de l'hypo-
thénuse. De joie il sacrifia, dit-on, cent
bœufs aux Dieux. Ce fut lui qui ouvrit, le
premier, une école de géométrie. Enfin Euclide parut; il recueillit avec soin les découvertes de ses prédécesseurs, et en composa
l'ouvrage que nous avons de lui. Apollo-
nius de Perge forma ensuite huit livres,
des différentes propriétés des sections coni-
ques, que plusieurs mathématiciens décou-
vrirent postérieurement. Il ne faut pas oublier non plus Archimède parmi les géo-
mètres anciens.

Dans les temps modernes, on se con-
tenta long-temps de traduire les livres des
anciens sur la géométrie, et cette science
fit peu de progrès jusqu'à Descartes. On
doit à ce grand homme, non-seulement
l'application de l'algèbre à la géométrie,
mais les premiers essais de l'application de
la géométrie à la physique, qui depuis a
été poussée si loin. *Fermat*, *Barrow* et
*Leibnitz* firent encore quelques pas sur ses
traces; mais bientôt parut l'immortel ou-

vrage de Newton, intitulé, *philosophiæ
naturalis principia mathematica*, qu'on
peut regarder comme l'application la plus
étendue, la plus admirable et la plus heureuse qui ait jamais été faite de la géométrie
à la physique, dont ce livre a fait une
sience toute nouvelle, toute fondée sur l'ob-
servation, l'expérience et le calcul.

Si la géométrie nouvelle est principalement due aux Anglois et aux Allemands,
nous pouvons dire au moins que c'est à
deux hommes de notre nation que l'on est
redevable des deux grandes idées qui ont
conduit à la trouver, Descartes et Fermat.
*Que l'on ajoute à cela ce que* les Pascal,
les Pardies, les d'Arnaud, les Ozanam,
les Malezieux, les Roberval, les Lami, les
l'Hospital, etc. ont fait en géométrie, on
se persuadera que, sur ce point comme sur
tant d'autres, notre nation peut prétendre
à quelque gloire.

GIROUETTE. La première girouette se
vit à Athènes. Andronic de Cyrrhe y fit
élever une tour octogone, et fit graver sur
chaque côté des figures qui représentoient
les huit vents principaux : un triton d'airain tournoit sur un pivot au haut de la
tour, et ce triton tenant une baguette à

la main, la posoit juste sur le vent qui
souflloit.

Les nobles avoient seuls anciennement le
droit de placer des girouettes sur leurs châ-
teaux ; il falloit même, dans l'origine, avoir
monté à l'assaut de quelque ville et avoir
planté sa bannière sur les rémparts. Ces girouettes, ordinairement peintes et armoriées,
rappeloient les bannières : c'est pour cette
raison que *les roturiers ne pouvoient placer*
sur leurs maisons cet ornement, qui indiquoit la demeure d'un chef militaire.

GLACES. Les premières glaces furent
faites à Venise, et long-temps cette ville
fut seule en possession d'en fournir toute
l'Europe. Les Vénitiens se virent enlever
cet avantage par le grand Colbert. Ce ministre, sans cesse occupé de ce qui pouvoit augmenter la gloire et la richesse de
sa patrie, rappela en France un grand nombre d'ouvriers françois qui faisoient la principale force des manufactures de la république, et les mit aussitôt à l'ouvrage. Dès
l'an 1666, on fit chez nous des glaces aussi
belles que celles de Venise, et bientôt on
surpassa de beaucoup celles-ci.

On ne connoissoit alors que les glaces
soufflées. Les grandes glaces ou les glaces

coulées n'ont été imaginées qu'en 1688, par Thevart.

GNOMON. Voyez *Horloge*.

GOBELINS. Lieu où se fabriquent les plus belles tapisseries de l'Europe. Ce nom lui vient de *Gilles Gobelin*, qui, sous le règne de François Iᵉʳ., trouva le secret de cette belle teinture d'écarlate, appelée depuis écarlate des Gobelins. Sa maison étoit située à la même place où Louis XIV a établi une manufacture royale, en 1667.

Jans, fameux tapissier de Bruges, fut celui qui exécuta les premières tapisseries de haute et basse lisse qu'on y ait fabriquées.

GOUVERNAIL. Pièce de bois qui sert à gouverner un vaisseau, une galère ou un bateau, c'est-à-dire à le faire aller vers l'endroit où l'on désire se rendre. Les navires des anciens avoient quelquefois deux gouvernails. A l'approche de l'automne, les anciens détachoient le gouvernail de leurs vaisseaux ; ils le replaçoient à l'arrivée du printemps.

GRAVURE EN PIERRES. La gravure en relief et en creux des pierres et des cristaux étoit connue des anciens, et c'est le seul genre de gravure qu'ils ont cultivé.

Cet art fut transmis par les Egyptiens aux
Phéniciens, aux Hébreux et à quelques
autres peuples orientaux, desquels il passa
aux Grecs et aux habitants de l'Italie. Les
plus belles pierres gravées nous viennent
des Grecs; ce qu'ils ont produit en ce genre
est réellement accompli. Parmi leurs graveurs, Théodore de Samos, et Pyrgotéles
qui seul avoit obtenu la permission de graver
le portrait d'Alexandre-le-Grand, ont été
les plus célèbres.

Les Romains connoissoient aussi la gravure des pierres et des cristaux. Enseveli
sous les ruines de leur empire, cet art
reparut en Italie, au XVe siècle, sous Laurent de Médicis, surnommé le grand et le
père des lettres. Jean, natif de Florence,
connu sous le nom de delle Cornivole,
ou des Cornalines, parce qu'il excelloit à
graver sur ces pierres, fut un des premiers
qui s'adonna alors à cet art. Dominique de
Camei, milanois, son concurrent, grava
sur un rubis-balai le portrait du duc Louis,
surnommé le More. On vit depuis des chefs-
d'œuvres de Maria da Pescia, Michelino,
Jean du Castel Bolognèse, Valerio Vincino,
Matheo dal Nasaro.

M. Guay, notre compatriote, a laissé
des gravures en pierres précieuses qui sont

dignes d'être mises en parallèle avec celles des anciens. En 1758, M. Rivas a inventé pour la gravure en pierre, un nouveau procédé qui abrège de beaucoup le travail et permet de prétendre à plus de perfection.

GRAVURE EN BOIS. Pour l'estampe, la gravure en bois est la plus ancienne. Elle doit son origine aux cartiers ou faiseurs de cartes à jouer, nommés en allemand *formschneider*, c'est-à-dire tailleurs de formes ou de moules. En 1430, on gravoit déjà en bois des sujets de la Bible; M. de Heineken a même trouvé dans la bibliothèque des chartreux, à Buxheim près de Memmingen, une gravure en bois représentant Jésus porté par saint Christophe, en date de 1423; et il est à croire que cet art avoit été cultivé avant ce temps; mais ce ne fut que vers le commencement du XVI<sup>e</sup> siècle que le travail en ce genre acquit quelque mérite. A cette époque, Albert Durer grava en bois des dessins d'une si grande beauté, que le célèbre Marc Antoine et d'autres graveurs italiens les ont imités.

Quelques anciennes estampes gravées en bois ont reçu le nom d'*estampes en clair obscur*; elles sont l'ouvrage de plusieurs

planches en bois, imprimées successivement
sur la même feuille : la première ne porte
que les contours et les ombres, la seconde
les demi-teintes, la troisième est réservée
pour les lumières. On imite ainsi les dessins à la plume, à la pierre noire, au lavis,
à l'encre rehaussée de blanc sur papier gris
ou bleu. On appelle, en Italie, ce genre de
gravure chiaroscuro; en France on le connoît sous le nom de camayeu ou clair-
obscur.

La gravure en bois étoit connue dans
les Indes et à la Chine, long-temps avant
de l'être en Europe : de temps immémorial les Indiens font des gravures en bois
pour imprimer leurs toiles peintes; et les
Chinois n'ont, pour l'impression de leurs
livres, que des planches de bois sur lesquelles ils dessinent d'abord leurs caractères; les gravent ensuite, et les impriment.

GRAVURE EN CUIVRE. La gravure
en bois se compose de traits en relief qui
s'impriment de la même manière que les
caractères de l'imprimerie en lettres; la
gravure en cuivre est précisément le contraire : elle se compose de traits en creux,
que l'on enduit d'encre, et qui s'impri-

ment sur le papier humide, en faisant
passer la planche entre deux cylindres.

Il est étonnant que les anciens, qui ont
excellé dans l'art de graver sur les pierres
fines, sur les cristaux et même sur les
métaux, en creux et en relief, n'aient pas
inventé l'art de tirer des empreintes des
ouvrages qu'ils exécutoient. Dans plusieurs
anciennes églises on trouve des tombeaux
couverts de plaques de cuivre sur lesquelles
on voit des gravures au simple trait, absolument semblables à nos planches gravées.
Il existe au cabinet royal des antiquités
une lame de cuivre sur laquelle il y a un
grand nombre de figures gravées de manière à en pouvoir tirer facilement des empreintes. Il n'y avoit qu'un pas de cette opération à celle de l'impression en taille-
douce. Mais ce ne fut que vers le milieu
du XV<sup>e</sup> siècle que l'on fit cette découverte.
On l'attribue à un orfèvre de Florence,
nommé Thomas Finiguerra. Il avoit gravé
sur un plateau d'argent quelques figures
dont il désiroit conserver l'empreinte ; il
imagina d'enduire son travail de noir de
fumée délayé avec de l'huile, et de presser
son plateau sur un papier humide ; son opération réussit, et la gravure en cuivre fut
entièrement inventée. Les Allemands re-

vendiquent, mais sans fondement, cette découverte, qu'ils prétendent avoir été faite
dans l'évêché de Munster.

La *gravure à l'eau-forte* a été inventée
environ un siècle après la gravure au burin.
On regarde assez généralement *Albert Dü-
rer* comme l'auteur de cette invention.
Quelques-uns prétendent que ce fut le
maître de cet artiste, *Michel Wolgemut*,
qui trouva cette manière de gravure; et les
Italiens attribuent cette invention à *François Parmigiano*. Pour graver à l'eau-forte,
on enduit une planche de cuivre d'un léger
vernis composé de cire, que l'on étend et
que l'on noircit à l'aide d'une bougie allumée que l'on promène dessus; c'est sur
cette planche vernie que l'on grave avec une
pointe qui enlève la cire. On verse ensuite
de l'eau-forte sur la planche, où elle est
retenne par un rempart de cire à modeler
que l'on a élevé sur les bords. L'eau-forte
atteignant le cuivre par tous les traits que
l'artiste a formés avec sa pointe, le corrode
et le rend propre à imprimer le dessin
aussi bien que s'il étoit gravé au burin.
Ordinairement on commence une planche
à l'eau-forte, et on la termine au burin,
qui donne à l'ouvrage plus d'accord et de
perfection.

La *gravure en couleurs* est une découverte nouvelle, qui ne date que de 1720 à 1730, et que l'on doit à Jacques-Christophe le Blond, de Francfort, élève de Carlo Marate. Sa méthode étoit d'imprimer ses estampes avec trois planches préparées, et d'employer pour cet effet trois couleurs qu'il appeloit primitives, savoir : le jaune, le rouge et le bleu.

La *gravure en manière noire*, ou *mezzatinta*. Pour cette opération on prend une planche entièrement grenée au moyen d'un instrument dentelé, nommé *berceau*; c'est sur cette planche que l'on calque le dessin et qu'ensuite on pratique des clairs à l'aide d'un outil appelé *grattoir*. On attribue cette invention à un prince Rupert.

M. Stapart a inventé la manière de graver *au pinceau*, qui est beaucoup plus prompte que toutes les autres.

GREFFE (la) est appelée, avec raison, le triomphe de l'art sur la nature. Par elle on perfectionne et on améliore les productions végétales; on transmue le sexe, l'espèce et même le genre des arbres; on relève la qualité de leurs fruits, on leur donne plus de grosseur, on en avance la maturité, on les rend plus abondants.

8

Il paroît que c'est au hasard que l'on doit l'invention de la greffe. Un laboureur, dit Pline, voulut faire une palissade à sa terre : pour qu'elle durât plus long-temps, il s'avisa de coucher en terre, tout autour de ce champ, des troncs de lierre pour y enchâsser l'extrémité inférieure des pieux de sa palissade. Ces pieux s'étant greffés dans ces troncs, devinrent de grands arbres ; et c'est ainsi que fut trouvé l'art de greffer.

La greffe a eu une toute autre origine, au rapport de Théophraste : il dit qu'*un oiseau ayant avalé un fruit entier, le jeta ensuite dans le tronc d'un arbre creux*, où, mêlé avec quelques parties de l'arbre qui étoient pourries et que la pluie humectoit, ce fruit germa et produisit dans cet arbre un autre arbre d'une espèce différente ; et l'on dut l'art de la greffe aux réflexions que cela fit faire.

La *greffe en fente* est la plus ancienne de toutes. Il en existe plusieurs autres aussi en usage, comme la *greffe en couronne*, la *greffe à emporte-pièce*, la *greffe en flûte*, la *greffe en approche*, la *greffe en écusson*, etc.

GRENADE. C'est une petite boule creuse, tantôt de fer, quelquefois de fer blanc, et même de bois ou de carton, qui prend feu par une fusée attachée à sa lumière, et qu'on jette à la main dans des bataillons, des tranchées ou des postes qu'on attaque.

L'inventeur des grenades fut un habitant de Venlo. On s'en servit pour la première fois, en 1588, au siége de Wachtendonck, près de Gueldres.

GRILLE. Ce fut un nommé Pierre Denis, né près de Mons en Hainaut, et frère donné à l'abbaye de Saint-Denis en France, qui inventa, en 1715, les belles grilles qui sont aujourd'hui un des ornements des églises, des palais et des jardins. Toutes les grilles de l'église de Saint-Denis étoient de cet habile artiste, qui les avoit faites avec le fer seul qu'il forgea lui-même, et sans le secours de la tôle qu'on emploie à présent.

GRUE. On donne ce nom à une machine qui sert à élever les matériaux employés à la construction des bâtimens. M. *Padmore* en a été l'inventeur; mais depuis, une infinité d'autres personnes l'ont beaucoup perfectionnée. Les anciens paroissent avoir aussi employé dans leurs constructions une machine à peu près semblable, qu'ils appeloient *carchesium*.

GUITARE. On tient la guitare dans la même position que le luth, le théorbe, et autres instruments de ce genre; on en joue en pinçant ou en battant les cordes avec les doigts. Elle nous vient des Espagnols; les Maures l'ont probablement apportée en Espagne.

# H

HARMONICA. C'est un instrument de musique qui se compose de la réunion de cloches ou tasses de verre, dont les sons approchent beaucoup de la voix humaine. Il est de l'invention du célèbre Franklin, établi en Pensylvanie. La première personne qui l'ait fait connoître à Paris, est mademoiselle Davies, angloise.

HARPE. Cet instrument a été connu des Egyptiens. La harpe d'ivoire à sept cordes étoit propre aux Grecs : les Romains s'en servirent long-temps dans leurs sacrifices. La harpe fut très-commune en France aux temps de la chevalerie. On sait qu'elle étoit familière aux anciens Irlandois et Ecossois; aussi est-elle la principale pièce des armoiries de l'Irlande et le signe de la liberté Irlandoise. Suivant les différents temps et les différents peuples, la harpe a eu plus

ou moins de cordes. Elle en a maintenant
de trente à trente-six.

Il existe un instrument de ce genre, que
l'on nomme harpe d'Æole. Il est composé
de douze cordes seulement. Quand on le
place horizontalement tout près d'une fe-
nétre dans laquelle on a ménagé un passage très-étroit pour un courant d'air, le
vent, agissant sur la surface de toutes les
cordes, leur fait rendre une harmonie souvent très-agréable.

HORLOGE, machine destinée à mesurer
le temps. Le besoin de régler leurs occu-
pations a forcé les hommes à chercher des
moyens de mesurer le temps, qui fuit avec
tant de rapidité : Le matin, le midi, le soir,
la nuit furent les premières divisions du
jour. Ensuite on fit attention à l'ombre du
soleil; et sa hauteur servit à former de nouvelles divisions. Il est à remarquer que ce
n'étoit point la marche de l'ombre sur une
surface plane qui déterminoit ces divisions,
ainsi que cela eut lieu sur les cadrans solaires que l'on fit par la suite, mais sa plus
ou moins grande longueur. Il paroît que
l'art de tracer un *gnomon* ou horloge solaire est dû aux Babyloniens ou aux Phéniciens, peuple commerçant et navigateur,

qui a dû de bonne heure sentir la nécessité de mesurer le temps avec quelque exactitude. Cette invention et la division du jour
en douze heures passèrent dans la suite aux
Grecs, qui, à une autre époque, les communiquèrent aux Romains. Comme il étoit
utile de rendre général le bienfait de pareilles inventions, on érigea sur les places
publiques des colonnes ou d'autres édifices,
sur lesquels l'ombre projetée indiquoit
l'heure de la journée. Ce fut l'astronome
chaldéen Bérosus, qui vivoit vers l'an 640
avant J.-C., qui apporta le premier aux
Grecs l'art de diviser le jour en douze
heures, et celui de construire des cadrans
solaires. Anaximandre, environ un demi-
siècle après, appliqua au gnomon ou cadran
solaire, l'aiguille qui sert à désigner les
heures. Cet instrument encore perfectionné
reçut le nom d'*horoscopion* ou *horologion*.
L'utilité des cadrans solaires fit qu'on imagina d'en faire de portatifs. Mais comme ces
inventions n'étoient bonnes que pour le
jour, et encore quand le soleil n'étoit point
voilé par les nuages, il fallut avoir recours
à d'autres instruments pour mesurer le
temps pendant la nuit et les jours où le
soleil ne paroissoit pas; on inventa la *clep-*
*sydre*, dont nous avons parlé à son article,

et le *sablier*. Ce ne fut que dans le XIIIe ou XIVe siècle que l'on imagina de faire des horloges à roues dentées, qui furent réglées par un balancier dont les vibrations alternatives sont produites par l'échappement, et dont la force motrice est un poids. L'Allemagne réclame l'honneur de cette invention. La première grosse horloge de ce genre qui a été connue en France, fut exécutée à Paris, en 1370, par un artiste allemand, nommé *Henri de Wick*. Charles V, surnommé le Sage, qui l'avoit commandée, la fit placer sur la tour de son palais, où on la voyoit encore il n'y a pas très-long-temps. On a perfectionné depuis ces horloges, mais en conservant les moyens employés dans cette ancienne machine. Vers la fin du XVe siècle on construisit des horloges à balancier, qui marquoient les secondes de temps, et qui étoient destinées aux observations astronomiques. Dans le siècle suivant, on inventa le ressort formé par une lame, qui, pliée en spirale et renfermée dans un tambour, a servi de force motrice à l'horloge, et a été substituée au poids. Cette invention, qui permettoit de rendre les horloges portatives, amena celle des montres, qui maintenant sont si multipliées. On prétend que les premières furent faites à Nuremberg, par un certain Pierre Hele, et qu'on les appela *œufs de Nuremberg*, à cause de la forme ovale qu'on leur donna d'abord. Le commencement du XVII<sup>e</sup> siècle est marqué par la découverte mémorable du pendule, faite par Galilée ; vers le milieu de ce siècle, Huyghens appliqua ce pendule à l'horloge, en le substituant au balancier ; et, dans les dernières années du même siècle, fut inventée en Angleterre, la répétition, que l'on adapta aux pendules et aux montres. L'invention des montres et des horloges à longitudes date du milieu du XVIII<sup>e</sup> siècle. A cette époque, toutes les parties de l'exécution des pièces qui composent les horloges ont été portées à la plus grande précision, par l'invention de divers instruments et outils.

HUILE. Les patriarches connoissoient l'huile et en faisoient usage. L'époque de l'invention de l'huile se perd donc dans la nuit du premier âge du monde.

Quoiqu'il y ait une infinité de plantes et de fruits qui donnent de l'huile, celle que nous retirons de l'olive a toujours été préférée, et c'est avec raison. Le premier canton de la Grèce où l'on ait connu l'huile, est l'Attique. Cécrops en apporta le secret!

aux Athéniens. Ce prince venoit de Saïs, ville de la basse Égypte, où l'on cultivoit beaucoup d'oliviers. Jugeant le terroir de l'Attique convenable à cette espèce d'arbres, il y en fit planter qui réussirent parfaitement, et bientôt Athènes fut renommée pour ses olives et son huile. On avoit difficilement de l'huile d'olive en France sous la première et la seconde race. Sous le règne de Charlemagne, on la tiroit de l'Orient et de l'Afrique, et sa rareté étoit telle, qu'un concile d'Aix-la-Chapelle permit aux moines de se servir d'*huile de lard.*

HYDRAULIQUE. C'est la partie de la mécanique qui regarde le mouvement des fluides et qui enseigne à conduire les eaux, à les élever, etc. etc. Parmi les anciens, le premier qui ait traité des machines hydrauliques, a été Héron d'Alexandrie. Les modernes que l'on peut citer à ce sujet, sont, entr'autres, Salomon de Caux, Gaspard Schott, le P. Deschales, Mariotte, Bélidor, etc.

Les plus belles machines hydrauliques que l'on connoisse jusqu'à présent, sont celle de Marly, la pompe Notre-Dame, la machine de Nymphimbourg en Bavière, la pompe du réservoir de l'égoût, la machine à feu de Londres, la pompe de M. Dupuis, une pompe à bras, et une pour les incendies, etc.

M. Genneté, mécanicien de l'empereur d'Allemagne, a inventé en 1762 une machine hydraulique de la plus grande simplicité, et qui, placée sur un marais où il y auroit douze pieds de profondeur, éleveroit, à chaque révolution, 1640 pieds cubiques d'eau, à vingt-six pieds de hauteur. On pourroit se servir également, pour faire mouvoir cette machine, du vent, d'un ruisseau, de chevaux ou de bœufs.

HYGROMÈTRE. C'est un instrument qui sert à mesurer et à marquer les différents degrés de sécheresse ou d'humidité de l'air. On croit qu'il a été inventé en Angleterre. Il y en a de plusieurs sortes. L'hygromètre inventé par le P. Lana n'est autre chose qu'une grosse corde à boyau. Cette corde, tendue par un poids, se resserre ou se dilate selon que l'air devient plus sec ou plus humide, et met en mouvement un marteau qui frappe sur un petit timbre, et avertit du changement de temps par le bruit qu'il fait ainsi.

HYMNE. Ce mot, à proprement parler, veut dire une louange en l'honneur de la Divinité. Les Chaldéens et les Perses, les Grecs et les Romains, les Gaulois et les Lusitaniens, tous les peuples en général ont célébré leurs Divinités par des hymnes ou des cantiques.

Quant à nous, nous entendons par hymne un petit poëme consacré à la louange de Dieu ou des mystères. Le premier que l'on dise avoir composé des hymnes et des cantiques, pour être chantés dans les églises, est saint Hilaire, évêque de Poitiers, et, après lui, saint Ambroise, évêque de Milan.

# I—J

JARDINS. Salomon fut un des premiers, parmi les Hébreux, qui eût des jardins proprement dits, c'est-à-dire des lieux murés remplis d'arbres fruitiers, de plantes aromatiques, de fleurs, etc. Il nous représente lui-même ces jardins comme étant d'une grande beauté. Les jardins suspendus de Babylone ont fait l'admiration des anciens. Les montagnes et les forêts de la Médie plaisoient à Amytis, épouse de Nabuchodonosor. Ce prince, pour satisfaire le goût de sa compagne, fit donc faire dans son

palais des jardins qui rappeloient ces montagnes. Ils formoient un carré parfait de
seize cents pieds de circuit, distribué en
plusieurs terrasses très-vastes qui s'élevoient
en forme d'amphithéâtre, à la hauteur de
deux cents coudées. Un escalier large de
dix pieds conduisoit d'une terrasse à l'autre.
De grandes voûtes bâties l'une sur l'autre
et entourées d'une muraille de vingt-deux
pieds d'épaisseur, soutenoient ce prodigieux
édifice. L'eau de l'Euphrate arrivoit à la
plus haute terrasse par le moyen d'une
pompe, et arrosoit les jardins qui étoient sur
toutes les terrasses. Les Perses avoient aussi
des jardins magnifiques. Les Grecs ne négli-
gèrent pas non plus ces lieux de plaisir, que
les Romains cultivèrent avec soin à leur
tour. La Gaule eut aussi ses jardins. Julien,
gouverneur de ce pays pour l'empereur
Constance, son parent, ayant choisi pour
sa résidence notre ville de Paris, nommée
alors Lutèce, y fit bâtir le palais des Ther-
mes, c'est-à-dire, selon l'usage des Romains, le palais des bains et des étuves. On
a élevé l'hôtel de Cluny sur les ruines de
cet édifice.

Ce fut sous le règne de François Ier que
nos jardins commencèrent à devenir agréa-
bles. Au lieu de simples prairies on eut

alors des parterres en compartiments, dé-
coupés , remplis de fleurs plus rares et plus
symétriques. Le règne de Louis XIV ajouta
encore un degré de perfection à cette partie
de l'art. Jean de la Quintinie et André le
Nôtre se distinguèrent en ce genre : le
premier, pour les potagers; le second, pour
les jardins d'agrément. La plus grande
symétrie régnoit dans les compositions de
le Nôtre ; son défaut étoit d'en rendre, au
bout d'un certain temps de promenade ,
l'aspect monotone et fatigant. Depuis, nos
jardins sont devenus moins réguliers, et ils
y ont gagné du côté de l'agrément. L'imitation de la nature en ce qu'elle a de plus
pittoresque , est ce que nous recherchons
maintenant. Nous tenons cette nouvelle
méthode des Anglois , qui l'ont eux-mêmes
empruntée des Chinois.

Un jardin , chez nous , bien autrement
important que ceux dont nous venons de
parler , est *le Jardin des Plantes*. Là se
trouve réuni , sous l'inspection des savants
les plus respectables , tout ce que nous connoissons de plantes utiles à la médecine ,
ou précieuses par leur rareté, et leurs formes
ou leurs qualités extraordinaires. Ce jardin
fut établi sous Louis XIII, en 1634, par les
soins de M. Bouyart, premier médecin du

roi, et par Guy de la Brosse, son médecin ordinaire. On n'avoit d'abord consacré à cet établissement célèbre qu'un très-petit espace de terrain; mais le cardinal Mazarin et le grand Colbert l'agrandirent bientôt à l'envi l'un de l'autre, et chaque jour encore nous le voyons recevoir de nouveaux accroissements. On fait tout l'année, dans son enceinte, des exercices ou des démonstrations publiques pour quatre sciences différentes; la botanique, la chimie, l'anatomie et la chirurgie.

JAUNE DE NAPLES. Le secret de la composition de cette couleur, qui nous est très-précieuse pour la peinture sur l'émail et la porcelaine, étoit possédé par une seule personne déjà avancée en âge. M. de Fougeroux, à force de travail, l'a remplacée par une composition qui donne un jaune plus doré que celui de Naples, et que l'on emploie plus facilement.

IDYLLE. Ce petit poëme champêtre roule ordinairement sur quelque sujet pastoral ou amoureux. Il nous reporte, par les couleurs qui l'animent, aux premiers âges du monde, à ces temps où les hommes, gardant leurs troupeaux, employoient leurs moments de repos à chanter la campagne et les plaisirs simples et purs que l'on peut y goûter. Les idylles de Théocrite, celles de Bion et de Moschus sont les plus anciennes que nous ayons.

JETONS. Les anciens s'en servoient pour faire leurs calculs. Les Egyptiens plaçoient leurs jetons de la gauche à la droite, et les Grecs de la droite à la gauche. Les Romains eurent des jetons d'ivoire. Chez eux, des maîtres particuliers étoient chargés d'enseigner cette arithmétique aux enfants. Pour spécifier les jours heureux ou malheureux, et pour les scrutins, on se servoit de petites pierres blanches et noires. Les jetons avoient des marques particulières lorsqu'ils devoient servir aux scrutins. Les uns portoient les lettres V. R. *uti rogas*, pour dire qu'on approuvoit la loi : les autres A. *antiquo*, pour signifier qu'on la rejetoit. Dans les causes capitales, les jetons des juges étoient marquées A. pour l'absolution, *absolvo*; C. pour la condamnation, *condemno*; N. L. *non liquet*, pour un plus ample informé.

Il paroît qu'on n'a point connu les jetons en France avant le XIV⁰ siècle. Le nom de Charles VII et les armes de ce prince

se trouvent sur le plus ancien jeton d'argent
du Cabinet des Médailles : on n'oseroit
cependant faire remonter l'usage des jetons
jusqu'au règne de ce roi.

IMPRIMERIE. C'est la découverte la
plus favorable à la civilisation et aux progrès des sciences et des arts : grâce à elle
on peut espérer que ce qui a été appris jusqu'à présent ne sera point perdu, et que dé-
sormais les lumières de l'homme ne pour-
ront que s'accroître.

. Plusieurs villes se sont disputé l'invention de l'imprimerie; il paroît cependant
que l'honneur en doit rester à celle de
Mayence, dans la personne de Jean Guttemberg, l'un de ses citoyens. Il étoit d'une
famille noble, du nom de *Sorgenlock*, dont
les différentes branches avoient des surnoms
pris des enseignes qui distinguoient les maisons qu'elles habitoient, tel que celui de
Guttemberg, qui étoit le nom de la sienne.
Ce gentilhomme, réfléchissant au temps
considérable qu'il falloit pour faire plusieurs copies d'un livre, imagina de graver
sur des planches de bois des pages entières,
que l'on imprimoit ensuite autant de fois
que l'on vouloit. Ce fut là le premier pas
vers la découverte de l'imprimerie. C'étoit

beaucoùp; mais ce n'étoit pas asséz encore.
Il falloit un travail immense pour graver
ainsi un seul ouvrage ; et Guttemberg vouloit abréger le temps : il mit en œuvre un
nouveau moyen : il sculpta en relief des
lettres mobiles ou sur bois, ou sur métal.
Ces lettres se plaçoient les unes à côté des
autres, enfilées par un cordon, comme les
grains d'un chapelet. On présume qu'il fit ce
second essai à Strasbourg en 1440.

Ces tentatives lui réussirent peu dans le
commencement, et épuisèrent toute sa fortune. Il se vit obligé, vers 1444, de retour-
ner à Mayence, et de s'associer avec un
orfévre de cette ville appelé *Faust*. Ce dernier ne paroît avoir contribué à la nouvelle
invention, qu'en donnant les fonds néces-
saires. On admit dans la société un écrivain
de profession, homme industrieux, nommé
*Pierre Schoeffer*, natif de Gernzheim en
Allemagne : on dit qu'il étoit alors au service de Faust. Ce fut lui qui acheva la découverte de l'imprimerie, en trouvant le
secret de jeter en fonte les caractères que
jusqu'alors on avoit sculptés un à un. Cette
nouvelle invention, qui ne laissoit plus rien
à désirer que la perfection, eut lieu en 1452.
Ce fut peut-être pour récompense de ce service, que Faust donna en mariage sa fille à
Schoeffer.

Les trois associés paroissent avoir tra‑
vaillé ensemble jusqu'en 1455, et il est très‑
probable que ce sont eux qui ont mis au
jour une Bible sans date et sans aucune in‑
dication du nouvel art qui l'avoit produite,
et dont les caractères sculptés en bois et
mobiles attestent une antiquité plus reculée
que la Bible connue de Faust et Schoeffer,
imprimée en l'an 1462 en caractères de
fonte. Il ne nous est parvenu de cette
première Bible que le second volume, qui
existoit à la bibliothèque Mazarine : le titre,
les sommaires et les lettres initiales ont été
ajoutés à la main.

Guttemberg se sépara de ses associés
vers 1455, et mourut en 1468; il étoit
depuis 1465 attaché à l'électeur de Mayence,
Adolphe de Nassaw, en qualité de gentil‑
homme, avec des appointements annuels.

C'est donc de Mayence que l'art typogra‑
phique sortit pour se répandre par toute la
terre. Ce fut ce même Adolphe de Nassaw,
qui accueilloit si honorablement Guttem‑
berg, qui en même temps forçoit les impri‑
meurs à abandonner la ville que l'on pou‑
voit appeler leur patrie. Ayant surpris
Mayence, et usant du droit du vainqueur,
il lui ôta ses libertés et ses priviléges; l'in‑
dustrie souffrit de ce despotisme : les ou‑

vriers s'enfuirent, et les imprimeurs se dis-
persèrent en différentes contrées de l'Europe.

Udalric, Han, Suvenheim et Arnold
Pannaris se rendirent à Rome, où on les
logea dans le palais des Maximes. Ils y
imprimèrent en 1467 la Cité de Dieu de
saint Augustin, une Bible latine, les Of-
fices de Cicéron et quelques autres livres.
A Venise, Jean de Spire et Vaudelin, en
1471, publièrent les Epitres de saint Cyprien;
et dans la même année, Sixtus Rusurger
fit paroître à Naples quelques ouvrages
de piété. A Milan, Philippe de Lavagna
mit au jour un Suétone, en 1475. En 1468,
Londres vit sortir un livre de ses presses.
Strasbourg étoit célèbre par les beaux caractères de fonte de Jean de Cologne et de Jean
Mautheim; Lyon, Rouen, Basle, Louvain,
Séville, Florence, Genève, et les autres
grandes villes de l'Europe eurent bientôt
des imprimeries; Abbeville même fit paroître, en 1486, une traduction de la Cité
de Dieu, en 2 vol. in-folio.

Ce fut vers 1469 que l'imprimerie s'exerça
dans la capitale de la France. On doit son
établissement aux docteurs de la maison de
Sorbonne, qui appelèrent à Paris trois imprimeurs de Mayence, *Ulric Gering*, né à
Munster, canton de Lucerne, *Martin*

*Crantz* et *Michel Friburger.* On les plaça
d'abord dans la maison même de la Sorbonne. Le premier livre qu'ils publièrent
fut les *Epîtres de Gaspard Rinus Perga-
mensis.* Le caractère dont ils se servirent
pour l'impression de cet ouvrage et de quelques autres est rond, de gros-romain. Il
s'y rencontre souvent des lettres à demi-
formées, des mots achevés à la main, des
inscriptions manuscrites, les lettres initiales
en blanc, pour donner le moyen de les
peindre en azur ou en or. Le papier est fort
et collé sans être bien blanc. *Gering* amassa
de grands biens par la pratique de son art;
et, en reconnoissance de ce qu'il devoit à la
maison de Sorbonne, il lui légua une partie
de son héritage, pour être employé à l'instruction de la jeunesse. C'étoit faire un
noble usage d'une fortune qu'il devoit aux
moyens mêmes qui répandent les sciences.
Gering mourut en 1510.

INJECTION. C'est l'art de remplir les
vaisseaux des animaux avec une liqueur
colorée qui se durcit ensuite, tient les vaisseaux fermes et tendus, et permet d'en étudier toutes les ramifications. Ce qui paroît
avoir donné la première idée des injections
anatomiques, ce sont les essais faits vers

1650, par le célèbre docteur Christophe Vren, qui le premier imagina d'injecter des liqueurs dans les veines pour les faire passer dans la masse du sang. Cette découverte a beaucoup contribué à éclaircir l'économie animale. Malpighy et Glisson se sont servis de liqueurs colorées; Swammerdam paroît être le premier qui ait employé une préparation de cire, et il enseigna lui même cette méthode, en 1666, à van Horn et Had. Le célèbre *Ruysch*, docteur hollandois, a porté l'art d'injecter à sa perfection. Il faisoit un mystère de ses procédés, qui sont maintenant connus de tous les anatomistes. Il mourut en 1731.

INOCULATION. L'inoculation, ou l'action de donner la petite-vérole à une personne qui n'en étoit point attaquée, pour lui épargner le danger et les ravages de cette maladie contractée naturellement, a été de temps immémorial pratiquée en Asie. Elle fut apportée ou renouvelée à Constantinople, sur la fin du XVIIe siècle, par une femme de Thessalonique. Cette femme inocula très-heureusement plusieurs milliers de personnes sous les yeux de deux docteurs de l'université de Padoue, Emmanuel Timoni et Jacques Pilarini, qui coururent ensuite répandre l'usage de cette opération dans le reste de l'Europe. En Angleterre, on commença par en faire l'expérience sur six criminels condamnés à mort ; elle n'eut pour eux aucune suite fâcheuse. De ces malheureux l'inoculation passa dans la famille des souverains, où l'on n'eut encore qu'à s'en féliciter, et elle se généralisa ainsi, tous ceux qui avoient des enfants dont la vie leur était chère, s'empressant d'y recourir. Depuis, on a trouvé un moyen de se garantir entièrement de la petite-vérole. (Voyez l'article *Vaccine*.)

**JOURNAUX LITTÉRAIRES.** Le Journal des Savants est le premier de tous les journaux de ce genre. Ce fut M. *de Sallo*, conseiller au parlement, qui imagina de le composer, pour mettre les gens instruits au courant des ouvrages que l'on publioit. Son premier numéro parut sous le nom du sieur Hédouville, le 5 janvier 1665. Quoique sa censure fût polie et mesurée, il se fit beaucoup d'ennemis, et fut obligé de discontinuer son travail, environ un an après l'avoir entrepris. Il en remit le soin à l'abbé Gallois, qui se borna à de simples extraits ; Laroque lui succéda en 1675, et le journal fut par la suite confié à des hommes de mé-

rite nommés par le chancelier. Le Journal
des Savants subsista jusqu'an 1792. Il donna
naissance à une multitude d'autres ouvrages périodiques du même genre. Les Anglois furent les premiers à profiter de cette
heureuse invention : la Société royale de
Londres publia dès la même année les
*Transactions philosophiques*. On entreprit
aussi, presque en même temps, à Leipsick,
les *Acta eruditorum*. Parmi les meilleures
imitations, il faut remarquer le journal de
Bayle, qui parut en 1687, sous le titre de
*Nouvelles de la République des lettres*.

# L

LAMINOIR. C'est une machine où l'on
fait passer les lames d'or, d'argent, de
cuivre, etc. pour leur donner l'épaisseur qui
convient à l'usage qu'on en veut faire. Elle
nous est venue d'Allemagne en 1638.

LAMPE. On attribue aux Egyptiens
l'invention des lampes. Hérodote, en parlant de leur roi Mycérinus, dit qu'il fit
enfermer sa fille dans une génisse de bois
doré, devant laquelle on entretenoit jour
et nuit une lampe allumée. Les lampes
n'ont été connues que fort tard en Italie.

Les plus anciennes lampes étoient de terre
cuite, on en fit ensuite de bronze. Comme
on n'avoit point alors de bureaux, de tables, ni de pupitres pour écrire, et que l'attitude étoit de se tenir à moitié couché, ou
d'avoir le volume ou les tablettes devant
soi sur ses genoux, on se fit des supports
pour placer les lampes, qui n'étoient point
suspendues, et l'on avoit pour chacune un
candélabre particulier.

On faisoit des lampes de toutes les formes : elles étoient ordinairement ornées de
sujets mythologiques et allégoriques. Les
Romains avaient, comme nous, leurs illu-
minations : dans les grandes solennités de
leur religion, à l'époque de la naissance
des princes, ils suspendoient des lampes à
leurs fenêtres. Cette illumination se faisoit
quelquefois pendant le jour.

LANCE. Pline attribue l'invention de
la lance aux Etésiens. Elle étoit passée des
anciens aux modernes, et étoit l'arme la
plus noble dont se servoit un chevalier ;
mais l'invention de la poudre l'a rendue
inutile et l'a fait disparoître.

LANTERNE. Cet instrument si utile
est de la plus grande antiquité. Théopompe,

poëte comique grec, et Empédocle d'Agri-
gente, qui vivoient, l'un 370 ans, et l'autre
442 ans avant l'ère vulgaire, sont les premiers qui aient parlé de la lanterne. Les
Carthaginois avoient, du temps de Plaute,
la réputation d'être les meilleurs fabricants
de lanternes. Elles servoient chez les anciens à différents usages soit sacrés, soit
profanes. On en portoit devant les troupes
qui étoient obligées de marcher la nuit. Les
lanternes militaires étant construites de
façon à n'éclairer qu'en arrière, elles s'attachoient au haut d'une pique. On s'en servoit aussi sur mer pour les flottes.

On sait ce que sont les lanternes chez
nous, et quels usages différents on en fait.
Les Chinois en ont qui sont travaillées avec
beaucoup de délicatesse. La plus solennelle
de leurs fêtes se nomme *fête des lanternes*.
On la célèbre le quinzième jour de la première lune. Ce jour-là, dans tout l'empire,
on allume des lanternes peintes et façonnées.
Il en est d'une telle grandeur, que trois ou
quatre pourroient, dit-on, former un appartement. Elles sont enveloppées d'une étoffe
de soie fine et transparente, sur laquelle
on représente avec les plus belles couleurs,
des fleurs, des arbres, des rochers, des
cavalcades, des vaisseaux qui voguent, etc.

**LANTERNE MAGIQUE.** Cet instrument, si connu de nous, et qui nous a tous
amusés dans notre enfance, a été inventé
par le P. Kircher. On sait quelle est sa
propriété : il fait paroître en grand sur une
muraille blanche des figures peintes en petit
sur des morceaux de verre minces, et
avec des couleurs bien transparentes. La
lanterne magique peut s'éclairer également,
ou par le soleil, ou par la lumière. Les
objets, dans quelques-unes, ont une sorte de
vie et de mouvement.

**LIARD.** C'est une petite monnoie de la
valeur de trois deniers, et qui fait conséquemment la quatrième partie d'un sou. Il
y en eut de fabriqués sous Louis XI.

On varie sur l'origine de ce mot *liard.*
Les uns disent qu'il est venu par corrup-
tion de *li-hardi*, petite monnoie des princes anglois, derniers ducs d'Aquitaine ;
d'autres du nom de *Guines Liard*, natif
de Cremieu qui, disent-ils, inventa cette
monnoie en 1430 : d'autres enfin veulent
qu'étant de billon, elle ait été ainsi nommée
par opposition aux blancs, *li-blanc, li-ards,*
c'est-à-dire les noirs.

**LINGE.** Ce mot vient de *linum*, lin,
c'est-à-dire de la plante qui, après différen-

tes préparations, sert à faire le linge. Les
Grecs connoissoient le linge, puisque Hérodote assure qu'ils en faisoient commerce.
On ignore à quel usage ils l'employoient
chez eux ; il paroît que leurs tuniques inté-
rieures ou chemises, leurs nappes ou ser-
viettes étoient faites d'une espèce de serge
de laine plus ou moins fine.

Chez les Romains on ne porta des robes
de lin, et sans doute des chemises, que sous
les empereurs : Pline dit que les femmes
de son temps avoient des robes de lin.

LIT. On sent, d'après l'origine de Rome,
ce que dûrent être les lits des premiers Romains : long-temps ce peuple ne coucha
que sur de la paille et des feuilles d'arbres
sèches, ce fut l'exemple des nations vain-
cues par lui, qui plus tard le rendit plus
difficile sur cet article : alors il remplaça les
feuilles sèches par des matelats de la laine
de Milet et des plumes du plus fin duvet ;
le bois commun de ses premiers lits, par le
bois d'ébène, de cèdre et de citronnier, en-
richi de figures et d'ouvrages de marqueterie ; on en vit d'ivoire et d'argent massif ;
on voulut avoir des couvertures de pourpre
rehaussées d'or : ces lits avoient la forme de
ceux de nos canapés qu'on appelle bai-
gnoires.

Les anciens se mettoient sur des lits
pour prendre leurs repas : leur corps y étoit
élevé sur le côté gauche, afin qu'ils eussent
la liberté de manger de la main droite ; derrière eux étoient des traversins qui les soutenoient quand ils vouloient se reposer. Cependant les Romains n'eurent pas toujours
la même manière de se tenir à table : avant
la seconde guerre punique, ils s'asseyoient
sur de simples bancs de bois, à l'exemple
des Crétois et des Lacédémoniens. Ce fut
Scipion l'Africain qui introduisit à Rome
ces petits lits qu'on appela long-temps *pu-
nicani*, africains, à cause de leur origine.
Ils étoient fort bas, d'un bois assez commun, rembourrés seulement de paille ou
de foin, et couverts de peaux de chèvre ou
de mouton. Plus tard, on les nomma *archiaques, archiachi*, du nom d'Archias,
tourneur ou menuisier de Rome, qui s'em-
para de ce meuble étranger pour le perfectionner un peu. Dans le siècle d'Auguste,
les gens de condition médiocre ne se
servoient pas encore d'autres lits que des
lits archiaques. Les dames romaines, re-
tenues par la sévérité de mœurs qui brilla
long-temps chez elles, ne commencèrent à
se coucher sur les lits de tables à la manière
des hommes, que vers le temps des pre-

miers Césars : jusqu'à cette époque, elles
s'y étoient tenues assises. Les jeunes gens
qui n'étoient point encore parvenus à l'âge
de porter la robe virile, continuèrent à observer l'ancienne discipline, alors même
que les dames romaines s'en étoient affranchies ; et jamais, dit Suétone, les jeunes
césars, Caïus et Lucius, ne mangèrent à
la table d'Auguste, qu'ils ne fussent assis
*in imo loco*, au bas bout.

**LITHOGRAPHIE.** Cette manière de
graver, ou plutôt de dessiner sur la pierre,
est une invention toute nouvelle. Un chan-
teur de l'opéra de Munich, nommé *Aloys
Sennefelder*, observa la propriété qu'ont les
pierres calcaires de s'imbiber d'un corps
gras quand elles sont sèches, et de repousser
ce même corps gras dès qu'elles sont hu-
mectées. C'est sur ce principe qu'est fondé
la lithographie. Sennefelder s'essaya d'abord
en Bavière, puis en Autriche, et revint à
Munich où il obtint des succès décisifs.
Toutes les pierres calcaires ne sont pas
propres à la litographie ; il faut qu'elles
soient susceptibles de poli, et cependant lé-
gèrement spongieuses ; il faut qu'elles aient
assez de solidité pour résister à l'action de
la presse, répété plusieurs milliers de fois,

On ne grave point sur ces pierres, comme
sur le cuivre, à l'aide d'un burin ou d'une
pointe; on dessine avec un crayon, une
plume ou un pinceau. Ce crayon est préparé avec un corps gras, et par conséquent
les traits s'imbibent dans la substance même
de la pierre. Une fois le dessin tracé sur
la pierre sèche; on en tire facilement deux
ou trois épreuves; mais ce seroit tout, si
la couleur n'étoit pas renouvelée. Pour
opérer ce renouvellement, on mouille
d'abord la pierre avec une éponge : toutes
les parties restées à découvert s'humèctent,
tandis qu'il ne se fixe pas la moindre par-
celle d'eau sur les endroits couvert par le
crayon, quelque ténuité que puissent avoir
les lignes; ensuite on frotte la surface de
cette pierre avec de l'encre à l'huile; ce
corps gras se joint par une affinité naturelle
aux traces préexistantes du crayon; il en
renouvelle et en fortifie la couche, tandis
qu'aucune portion de la substance grasse
n'adhère aux parties humides correspon-
dantes aux blancs de l'estampe. Quand la
pierre est enduite d'encre on la met sous
la presse.

LIVRE. Ecrit composé pour l'édification,
l'instruction ou l'amusement des hommes.

Les livres de Moïse sont les plus anciens de tous ceux qui existent. Les premiers des livres profanes dont il nous reste quelque chose, sont les poëmes d'Homère.

La forme carrée de nos livres actuels étoit connue des anciens : on dit qu'elle fut inventée par Attale, roi de Pergame. Le P. Montfaucon assure que de tous les manuscrits grecs qu'il a vus, il n'y en avoit que deux qui fussent en forme de rouleau. Ces rouleaux étoient composés de plusieurs feuilles attachées les unes aux autres, et roulées autour d'un bâton que l'on appeloit *cumbilicus :* le côté extérieur des feuilles se nommoit *frons ;* les extrémités du bâton s'appeloient *cornua,* et étoient ordinairement décorés de petits morceaux d'argent, d'ivoire, même d'or et de pierres précieuses. De cette manière de rouler les ouvrages des anciens est venu le mot de volume. ( Voyez *écritures* et *imprimerie.* )

LUNETTES. Elles ont été inventées entre les années 1280 et 1311, par un Florentin nommé *Salvino degli Armati.*

Les lunettes simples sont des verres ou concaves ou convexes ; elles font voir distinctement ce qu'on n'apercevroit que foiblement, ou point du tout, à la vue simple.

Il est des lunettes pour toutes les vues : les lunettes pour les vues foibles furent imaginées par un vieillard dont la vue étoit si affoiblie qu'il ne pouvoit plus distinguer les personnes de sa connoissance; la plus belle impression, vue avec les meilleures lunettes, n'étoit pour lui que du papier barbouillé. Après avoir ôté les verres de deux cercles de lunettes, il y attacha des tuyaux de cuir noir ayant la forme d'un cône : dès l'instant il put lire les caractères les plus fins.

Il est des lunettes de nuit : les Anglois en ont inventé de cette sorte, avec lesquelles ils peuvent voir de fort loin les vaisseaux dans une nuit obscure, reconnoître une côte, l'entrée d'un port. Dans ces lunettes, dont la première idée paroît due au docteur *Hook*, on voit les objets renversés; mais l'inconvénient est petit pour ceux qui ont l'habitude de se servir de cet instrument.

LUNETTES D'APPROCHE. On en doit l'invention au fils d'un ouvrier d'Alcmaer, nommé *Jacob Metzu*, qui faisoit dans cette ville de Nort-Hollande des lunettes à mettre sur le nez. Le jeune homme tenoit d'une main un verre convexe dont se servent les vieillards, et de l'autre un verre concave qui sert à ceux qui ont la vue courte;

ayant mis par amusement, ou par hasard,
le verre concave proche de son œil, et
ayant un peu éloigné le convexe qu'il tenoit
au-devant par l'autre main, il s'aperçut
qu'il voyoit le coq de son clocher beaucoup plus gros que de coutume, comme
s'il étoit tout près de lui, mais dans une
situation renversée. Il appela son père :
celui-ci, frappé de cette singularité, imagina de lier ces verres entre eux par des
tubes emboités les uns dans les autres; et
voilà quelle fut, dit-on, l'origine des lunettes d'approche. D'autres assurent que
l'on doit l'invention de ces lunettes à *Jean-
Baptiste Porta*, qui avoit publié cette découverte dès 1576.

LYRE. Les anciens poëtes nommoient la
lyre pour donner l'idée de la plus belle et de
la plus touchante harmonie. Ils s'en servoient dans leurs chœurs tragiques : Sophoclé
en joua dans sa pièce nommée Thamyris.
Les Grecs la plaçoient dans la main du Dieu
de la musique, du divin Apollon. Le corps
de la lyre étoit ordinairement formé de bois
ou d'une écaille de tortue, et ses bras des
cornes d'un bouquetin. Le nombre de ses
cordes a beaucoup varié : la lyre à sept cordes étoit la plus usitée. Timothée le Milésien

en porta cependant le nombre jusqu'à douze.
La lyre se touchoit avec les doigts ou avec
un petit instrument d'ivoire appelé *pecten*
ou *plectron*. On en jouoit aussi quelquefois
avec les deux mains, ce qui s'appeloit *pincer
en dedans et en dehors*. La grande lyre
passoit pour être une invention d'Apollon;
on attribuoit la petite à Mercure.

. Les Moscovites ont un instrument rau-
que, en manière de lyre antique, de cinq
ou six cordes, grosses comme celles des raquettes qu'ils pincent en guise de *luth*.

# M

. MACHINE PNEUMATIQUE, avec laquelle on pompe l'air de dessous un récipient. On la nomma d'abord *machine de
Boyle*, parce que les Anglois en attribuent
l'invention à ce célèbre physicien. Mais les
Allemands prétendent que nous la devons
à *Othon Guerich*, qui le premier en a fait
des essais en .1653.

, Quand on pompe l'air d'un récipient, il
paroît au premier, au second ou au troisième coup de piston, selon la grandeur
du récipient, une vapeur qui l'obscurcit.
Cette vapeur est l'effet des corps étrangers
dont l'air est chargé. Ce fluide, en se raré-
fiant, n'est plus en état de les soutenir;

ils se réunissent et tournent en tombant,
parce qu'ils sont heurtés par l'air qui sort
rapidement du récipient et entre dans la
pompe. Une vieille pomme se déride dans
le vide. Une bouteille de verre mince et
bien bouchée crève sous le récipient. Une
vessie dans laquelle il ne reste que très-
peu d'air enfermé, ne manque pas de s'en-
fler, quand elle seroit surchargée d'un poids
de quinze livres. Les oiseaux, les souris,
les lapins soutiennent à peine le vide une
demi-minute. Un chat fait les mêmes gri-
maces que s'il crioit, grimpe contre le verre,
enfle, écume et crève. Les oiseaux entrent
en convulsion, se vident assez souvent par
le bec ou par les voies ordinaires, et meu-
rent lorsqu'on a pompé à peu près les deux
tiers environ de l'air du récipient. Ceux qui
volent très-haut le soutiennent mieux que
les autres : l'hirondelle y vit plus long-
temps que le moineau. L'air étant le véhi-
cule du son, un réveil placé dans le vide
ne s'entend plus, et un peu de poudre donne
une flamme bleue sans explosion.

MANSARDE. Le célèbre architecte *Man-
sard*, qui vivoit sous Louis XIV, imagina
de couper les combles des maisons de manière à construire dessous de petits appar-

tements : cette invention a retenu le nom
de son auteur.

MAPPEMONDE. On appelle ainsi la
figure du monde, ou plutôt de la terre,
peinte sur un plan, ou sur une carte.
Eustachius prétend que ce fut Anaximandre
qui, le premier, fit les cartes géographiques, ou mappemondes.

MARINE. *Voy. Flotte.*

MARIONNETTE. Les *Grecs* avoient des
marionnettes, et elles ont occupé les plus
sages d'entre eux, Xénophon, Socrate,
Aristote, Platon. Elles leur suggérèrent
même des observations philosophiques. Platon, dans son premier livre sur les lois,
fait dire à un Athénien que les passions
produisent dans nos corps ce que les petites
cordes exécutent sur les figures de bois;
elles remuent tous nos membres, continue-
t-il, et les jettent dans des mouvements
plus ou moins contraires, selon qu'elles
sont opposées entre elles. Les Romains
connurent plus tard les marionnettes, quand
ils eurent vaincu les Grecs, et qu'ils purent
ainsi s'approprier toutes celles de leurs inventions qui leur parurent utiles ou récréa-
tives. L'empereur Marc-Antonin parle deux

ou trois fois dans ses ouvrages de ces sortes de statues mobiles à ressort.

*Jean Brioché*, arracheur de dents, a été regardé parmi nous comme l'inventeur des marionnettes.

MARLY *( La machine de )*. Le célèbre machiniste Rannequin Sualème ou Renkin, né à Liége en 1648, fut l'inventeur de cette machine, connue de l'Europe entière. Elle fait monter l'eau au sommet d'une montagne élevée de 502 pieds au-dessus du lit de la rivière. Elle est composée de quatorze roues qui ont toutes pour objet de faire agir deux pompes qui forcent l'eau à monter. Elle donne 5258 tonneaux d'eau en 24 heures. Elle fut mise en activité en 1682; son auteur mourut en 1708.

MARQUETERIE. C'est l'art de rapporter plusieurs pièces de bois de différentes couleurs, afin d'en former diverses figures.

La marqueterie est fort ancienne. On croit que de l'Orient elle passa chez les Romains. Les anciens avoient trois sortes d'ouvrages de marqueterie : les uns représentoient la figure des dieux ou des hommes ; les autres, celle des animaux, et les troisièmes enfin ne représentoient que les choses inanimées, comme les arbres, les fleurs, etc.

Cet art se perfectionna en Italie vers le XV.º siècle : depuis le XVII.º siècle il est parvenu en France au point le plus haut auquel il puisse prétendre. Les excellents ouvrages de pièces de rapport qu'on y a faits depuis ce temps, imitent tellement la nature, qu'on leur a donné le nom de peinture en bois, peinture et sculture en mosaïque. Nous devons en partie cet avantage à des ébénistes sortis de la manufacture des Gobelins : le fameux *Boule* fut le plus distingué d'entre eux.

MARTEAU. Les Egyptiens attribuoient à Vulcain la découverte du marteau, de l'enclume et des tenailles. Pline et d'autres écrivains en font honneur à Cynira, fille d'Agrioppe. Il est parlé dans Job de l'enclume et du marteau. Ces instruments, qui tiennent aux premiers besoins de l'homme, ont dû en effet être inventés dès le principe de la société.

MASQUE. On ignore qui en fut l'inventeur chez les anciens; tous les auteurs varient sur ce sujet. Leurs masques de théâtre étoient des espèces de casques qui couvroient toute la tête, et qui, entre les traits du visage, représentoient encore la barbe, les cheveux, les oreilles, et jusqu'aux ornements que les femmes employoient dans leur coiffure. On les faisoit concaves, et l'ouverture de la bouche étoit très-grande, afin que l'on pût y ajuster des lames d'airain ou d'autres corps sonores propres à renforcer la voix des acteurs. Les anciens se servoient du masque ailleurs que sur le théâtre; ils l'employoient dans les cérémonies religieuses et dans les fêtes de certaines divinités, telles que les Saturnales et les fêtes de Bacchus. On s'en couvroit aussi le visage dans les triomphes et dans les pompes publiques, et cela étoit sans doute une suite de la liberté qu'avoient les soldats de chansonner le triomphateur. Quelquefois les Romains s'en servoient dans les festins. Il y avoit des masques de comédie à double visage; gais d'un côté, et tristes de l'autre : on peut conjecturer que l'acteur, ayant toûjours soin de ne se faire voir que de profil, montroit à mesure le côté du masque qui convenoit à la situation où le plaçoit son rôle.

MATHÉMATIQUES. C'est la science des quantités et des proportions de tout ce qui est capable d'être compté ou mesuré. Cette science fleurit d'abord chez les Chaldéens ; l'Egypte la reçut d'eux, et elle fut ensuite cultivée soigneusement par les Grecs, qui la transmirent aux Romains. Hippocrate de Chio, Architas de Tarente, Léon, Thalès, Eudoxe, Euclide, Archimède, furent en Grèce de grands mathématiciens. Négligée à Rome, cette science passa aux Arabes, et revint aux Européens, qui la portèrent au point de perfection où nous la voyons maintenant.

MÉCANIQUE. Archimède disoit : Qu'on me donne un point d'appui et je souleverai la terre. Ce mot présente une idée de la puissance mécanique. Cependant les anciens étoient loin d'avoir en ce genre des connoissances aussi étendues que les nôtres ; on peut même, en quelque sorte, dire que la mécanique est une science moderne ; ils n'avoient que la pratique des machines simples. De nos jours, la mécanique a été poussée au plus haut degré de perfection par la découverte des lois du mouvement et de la décomposition des forces. C'est à Stevin que l'on doit le principe de la composition des forces, que Varignon a depuis heureusement appliqué à l'équilibre des machines. On doit à Galilée la théorie de l'accélération ; à Huyghens, Wren et Wallis les lois de la

percussion ; à Huyghens seul les lois des
forces centrales dans le cercle ; à Newton
l'extension de ces lois aux autres courbes
et au systême du monde ; enfin, aux géo-
mètres du XVIII<sup>e</sup> siècle la théorie de la
dynamique.

Par la seule force de son génie, et sans
aucune de ces connoissances générales que
donnent les mathématiques, Architas de
Tarente, ainsi que nous l'apprend Platon,
étoit parvenu à faire un pigeon de bois qui
pouvoit voler. Ce récit est peut-être exa-
géré ; mais il nous donne en quelque sorte
le droit de regarder cet Architas comme un
des inventeurs de la mécanique. Archimède, qui vint après lui, étoit en effet un
habile mécanicien : il rechercha la théorie
du centre de gravité et de l'équilibre. Pap-
pus a ensuite démontré celle du levier, de
la roue dans son essieu, de la poulie, de
la vis et du coin.

De nos jours, la mécanique a produit
tant de merveilles, que nous ne citerons
que le Flûteur de Vaucanson, son canard
qui marchoit, mangeoit, digéroit ; et le bras
artificiel inventé par Laurent. On n'imagine
pas que le génie humain puisse aller au-
delà de ces découvertes, qui sont de véritables créations.

MÉDECINE. Comme les maladies sont aussi anciennes que l'homme, et qu'il est dans la nature de celui-ci de ne pas souffrir long-temps sans chercher les moyens de s'affranchir de la douleur, on peut dire que la médecine a commencé avec le monde. L'expérience l'a insensiblement perfectionnée, et après nombre de siècles elle est devenue une science qui exige les études les plus sérieuses et les plus étendues. Les anciens ont déifié leurs médecins *les plus célèbres*; les Grecs ont élevé des temples à *Esculape*. Hippocrate a été chez eux un grand homme; Gallien fut le plus célèbre après lui.

La médecine étoit cultivée en France sous le règne de Charlemagne. Elle fut ensuite négligée durant un certain espace de temps. Ce ne fut que vers la fin du XIIᵉ siècle que se formèrent en Europe les écoles publiques de médecine. Celles de Salerne et de Montpellier passent pour les plus anciennes.

MESSAGERIE. Les messageries furent établies pour les étudians des universités, et les premiers messagers étoient responsables de leur conduite envers les recteurs et les principaux officiers de ces corps. Le public en vint peu à peu à se servir de la même commodité. Il existe un arrêt du conseil, du 14 avril 1719, qui fixe la somme que l'université de Paris pouvoit encore, à cette époque, prélever sur le produit des messageries de la capitale, en raison de la manière dont elles avoient été établies.

MÉTALLURGIE. On appelle ainsi la partie de la chimie qui regarde les moyens de séparer les métaux des substances avec lesquelles ils sont mêlés dans le sein de la terre, afin de leur donner l'état de pureté qui les rend propres aux différents usages auxquels nous les employons.

Les commencements de la métallurgie se perdent dans la nuit des temps, et l'on connoît plutôt les hommes qui ont appris aux différents peuples à travailler les métaux, que ceux qui ont positivement inventé l'art de les travailler. L'Ecriture Sainte nous apprend que *Tubalcain* fut habile en toutes sortes d'ouvrages d'airain et de fer. Le premier prince qui régna sur les Egyptiens, *Elios*, fut aussi celui qui leur montra la manière de travailler l'or. Les Grecs durent le même bienfait aux Titans; et ces princes étant venus par mer, les habitans de la Grèce dirent, dans la suite, qu'ils tenoient la découverte de l'or, de Sol, fils de l'Océan.

Ce sont les peuples septentrionaux de l'Europe qui ont sur-tout cultivé cet art, et c'est chez eux aussi qu'il a été porté au plus haut point de perfection.

On peut regarder *George Agricola* comme le fondateur de la métallurgie dans les temps modernes. Etant venu exercer la médecine à Joachimsthal et à Chemnitz, lieux fameux par leurs mines, il se sentit excité par le spectacle qu'il avoit sans cesse sous les yeux, à tirer l'art *des mines* et celui de la métallurgie des ténèbres où *ils* avoient été jusqu'alors ensevelis, et il publia effectivement en 1530 plusieurs ouvrages qui éclaircirent beaucoup cette matière. Parmi ceux qui ont suivi Agricola, il faut sur-tout remarquer *Sthal* et *Beccher*.

MÉTIER A BAS. Cette machine ingénieuse et assez compliquée est due à l'industrie d'un François qui, n'ayant pu obtenir en France le privilége exclusif qu'il sollicitoit, la transporta en Angleterre, d'où un autre François en rapporta l'invention.

MICROMÈTRE. Il y a deux sortes de micromètres : le simple et le composé. Le premier, inventé par M. Kirch, en 1677, est un anneau de cuivre ou d'acier percé

diamétralement en vis ; il sert à mesurer de
très-petites grandeurs. Le micromètre composé est une machine astronomique qui,
au moyen d'une vis, sert à mesurer dans
les cieux, avec une très-grande précision,
de petites distances ou de petites grandeurs,
comme les diamètres du soleil, des pla-
nètes, etc. Ce dernier instrument a eu deux
inventeurs : M. Huyghens en Hollande, et
M. Gascoigné en Angleterre. Le micromètre dont on se sert aujourd'hui est celui de
M. Auzout.

MICROSCOPE. On nomme ainsi une
lunette qui amplifie et présente d'une manière commode à l'œil de l'observateur les
objets les plus petits. La poussière qu'on
voit sur le fromage et les fruits secs, s'ani-
me au microscope, et est bientôt reconnue
pour une multitude d'animaux réguliers,
bien organisés, voraces, et qui se dévorent
les uns les autres. L'inventeur de cet instrument précieux est *Zacharie Jeanson*,
ou *Joannidès*, de Middelbourg en Zélande.
*Dalancé* attribue cependant cette invention
à *Drebbel*, paysan du Nord-Hollande.

MICROSCOPE SOLAIRE. Parmi les différents microscopes appliqués à différents

usages particuliers, il faut remarquer le microscope solaire, qui l'emporte sur tous les autres pour la manière commode dont il présente les objets aux yeux de ceux qui les observent, et le volume considérable sous lequel il les leur présente. L'invention en est due au docteur *Lieberkunhns*, de l'académie des sciences de Prusse.

**MIME.** Voyez *Pantomime.*

**MIROIR.** Les premiers miroirs *furent* de métal; on en fit d'airain, d'étain, et de fer bruni. On découvrit en 1647, à Nimègue, un tombeau où l'on trouva, entre autres meubles, un miroir d'acier ou de fer pur, de forme orbiculaire, dont le diamètre étoit de cinq pouces romains; le revers en étoit concave, et couvert de feuilles d'argent. Les premiers miroirs de verre sont sortis des verreries de Sidon ; mais il est impossible de dire à quelle époque.

**MIROIR ARDENT.** C'est une espèce de miroir conformé d'une manière particulière, qui rassemble tellement les rayons du soleil à son foyer, qu'il brûle presqu'en un moment ce qui se trouve devant lui à une certaine distance. Le *miroir ardent* le plus connu dans l'histoire ancienne est celui d'Archimède : on assure qu'avec ce miroir Archimède mit le feu à la flotte de Marcellus, de dessus les murs de Syracuse.

Le *miroir ardent* inventé par M. de Buffon, n'a besoin que d'un foible soleil de printemps pour enflammer très-promptement des planches de sapin et de hêtre goudronnées, à 150 pieds de distance.

MONNOIE. C'est une pièce de métal qui a une valeur numéraire quelconque, et qui est ordinairement marquée au coin et aux armes d'un prince ou d'un état.

Dans les commencements, le commerce se faisoit par le moyen des échanges : l'un donnoit à l'autre ce que celui-ci ne possédoit pas, pour en recevoir lui-même des choses que la nature lui avoit refusées. On ne sait pas quel est celui qui inventa le premier la monnoie : la plus ancienne preuve que nous ayons du trafic fait avec des pièces de métal, se trouve dans la Genèse, ch. 13, où il est dit qu'Abraham acquit le lieu de la sépulture de Sara pour quatre cents sicles d'argent. Le même livre nous parle de mille pièces d'argent dont Abimélech, roi de Gerara, fit présent à Abraham. Quand Jacob envoya ses fils en Egypte pour acheter du blé, il leur donna de l'argent. Tout cela prouve qu'alors on commerçoit avec de l'or et de l'argent; mais il ne paroît pas que ces deux métaux fussent convertis en pièces de monnoie frappées au coin : il est probable qu'on les donnoit au poids; car le sicle, le talent, le gera, le beka, sont des noms de poids.

Si nous en croyons Hérodote, ce sont les Syriens qui ont, les premiers, fait battre de la monnoie d'or et d'argent. Strabon s'appuie du témoignage d'Elien, pour dire que ce fut dans l'île d'Egine que l'on frappa la première monnoie par l'ordre de Phœdon, et que de là ces pièces furent appelées *Eginettes*. Les Grecs comptoient par drachme, par mine et par talent.

La première monnoie des Romains fut frappée sous le règne de *Servius Tullius*; elle étoit de cuivre, et on la marqua d'un bœuf ou d'une brebis, d'où est venu le mot *pecunia*, parce que ces sortes d'animaux étoient du nombre de ceux que l'on appeloit *pecus*. La monnoie de cuivre des Romains consistoit en différentes pièces appelées *as*, *semis* ou *semissis*, *triens*, *quadrans*, *sextans*. L'*as* étoit une grosse pièce qui, dans le commencement, pesoit une livre; la valeur du *semis* ou *semissis* étoit la moitié

de celle de l'*as ;* le *triens* en représentoit le
tiers , le *quadrans* la quatrième partie , et
le *sextans* la sixième. L'argent ne commença à être monnoyé chez les Romains
que l'an de la république 485 , cinq ans
avant la première guerre punique , et l'or ,
soixante-deux ans après que l'on eut commencé à frapper l'argent.

La plus ancienne monnoie d'or connue
en France est celle que fit frapper Théode-
bert , roi de Metz, fils de Thierri, petit-fils
de Clovis. En 1262, sous saint Louis, il
y avoit plus de quatre-vingts seigneurs particuliers qui pouvoient faire battre monnoie
en France; mais il n'y avoit que le roi qui
eût droit d'en fabriquer d'or et d'argent.

Charlemagne ordonna en 753 que l'on
fît vingt-deux sous d'une livre pesant d'argent. A ce compte un sou vaudroit aujour-
d'hui environ trois francs trente centimes
de notre monnoie. Le denier étoit la dou-
zième partie du sou, et l'obole la moitié du
denier.

La livre d'or se tailloit en soixante-douze
sous d'or , dont chacun vaudroit quinze
francs de notre monnoie. Un sou d'or valoit
quarante deniers d'argent.

La valeur réelle de ces monnoies s'altéra
presque de règne en règne, en partant de

11

celui de Philippe Ier et de l'époque de la première croisade.

De toutes les anciennes dénominations de nos monnoies, il ne nous reste plus que le *franc*, monnoie de la valeur de vingt sous, frappée, pour la première fois, sous le roi Jean.

MONTRE. Voyez *Horloge.*

MOSAIQUE. C'est un ouvrage de rapport composé de plusieurs petites pierres, ou de plusieurs petites pièces de verre de différentes couleurs, par l'arrangement desquelles on fait des figures, des arabesques et divers autres ornements. Les ouvrages de mosaïque sont fort anciens : on en attribue l'invention aux Perses. Cet art ne commença à être connu des Romains que vers le temps d'Auguste; on en parloit alors à Rome comme d'une invention nouvelle. Le plus grand morceau de mosaïque ancienne que nous possédions, est celui du temple de la fortune à Préneste, aujourd'hui Palestrine, qui représente une carte ou géographie de l'Egypte.

L'art de la peinture à la mosaïque redevint florissant dans l'Italie vers le XIII° siècle. Appollonius, Taffi, Gaddo-Gaddi et Giotto furent ceux qui s'y distinguèrent le plus.

Il *est* des peuples d'Amérique qui ont inventé une manière de mosaïque, composée de plumes d'oiseaux assemblées par filets.

MOULIN. L'usage des moulins étoit très-ancien dans l'Egypte. Il est question de meules dans Job; Moïse défend aux Israélites de prendre en gage les meules de moulins. *Ces* premiers moulins étoient à bras.

*Moulins à eau.* On ne sait à quelle époque furent inventés les moulins à eau : ce qui est seulement certain, c'est que l'on en faisoit usage à Rome dès le temps d'Auguste. Il paroît cependant qu'ils n'y étoient pas très-communs; car, plus de trois siècles après, on comptoit encore à Rome, chez les boulangers, plus de trois cents moulins publics, dont les uns étoient tournés à bras, les autres par des chevaux ou par des ânes; et ce ne fut que sur la fin du IVe siècle, sous les règnes d'Honorius et d'Arcadius, que les Romains eurent des moulins à eau destinés au service public.

*Moulins à vents.* Ces moulins viennent des pays orientaux, d'où l'usage nous en a été apporté, au retour des croisades, environ l'an 1040.

MUSIQUE. Art de combiner les sons d'une manière agréable. Le chant semble aussi naturel à l'homme que la parole ; on le retrouve plus ou moins perfectionné chez tous les peuples , même les plus sauvages. Mais quelques airs échappés à une tête bien organisée ne constituent pas la musique, ou la science des sons ; on a chanté bien long-temps avant de réfléchir aux rapports des sons entre eux , comme on a long-temps parlé avant d'imaginer des grammaires et des rhétoriques. Il y a tout lieu de croire que c'est en Egypte que l'on commença à faire une science de la musique : c'est de cette antique et célèbre contrée que sont sorties la plupart des connoissances humaines. Nous avons plusieurs témoignages positifs des auteurs anciens qui nous assurent que Moïse et Pythagore ont appris la musique chez les Egyptiens ; Diodore dit que Hermès avait inventé l'harmonie des sons et la lyre à trois cordes. Mais ce peuple sérieux fit faire peu de progrès à un art qui demande de l'exaltation et de grandes réunions ; leur musique se réduisoit à de petits hymnes, à des chansons nationales, faciles à retenir sans qu'on eût besoin de les noter, et qui se propageoient de père en fils , comme beaucoup de nos airs populaires.

Les Hébreux, qui avoient des fêtes religieuses où tout le peuple se réunissoit,
donnèrent plus d'extension à la musique,
mais peut-être sans rien ajouter à ce qu'elle
étoit. Cependant les livres sacrés louent
beaucoup cette musique, dont il nous est
difficile de nous faire une idée. Les cérémonies religieuses durent la favoriser, et plusieurs princes, principalement Salomon,
entretinrent un grand nombre de musiciens
et de musiciennes.

Les Grecs, qui se plaisoient à donner de
nobles origines aux arts, qu'ils cultivoient
avec tant de succès, prétendoient que les
Dieux seuls leur avoient appris la musique.
Hérodote, plus sage que les poëtes, croyoit
qu'elle avoit été apportée par Cadmus dans
la Grèce; il est probable qu'elle venoit de
l'Egypte. Platon, dans un de ses dialogues,
dit que c'est Amphion qui l'a inventée.
Orphée, Chiron, Démadocus, lui firent
probablement faire quelques progrès. Quelques auteurs attribuent à Terpandre, contemporain de Lycurgue, l'invention des
premiers modes. Timothée, long-temps
après, ajouta une corde à la lyre; ce qui le
fit mettre à l'amende par les Lacédémoniens.
On prétend que ce fut au hasard que Pythagore dut la découverte des premiers mo-

des de la musique. Un jour, comme il se promenoit, il entendit des forgerons qui bat-
toient à grands coups de marteaux un fer
chaud sur l'enclume, et remarqua que ces
coups formoient des accords. Curieux de découvrir la cause de cet effet, le philosophe
entra dans la forge pour examiner cette
différence des sons ou cette sorte d'harmonie ; il prit les marteaux et reconnut que
la différence des sons venoit de leurs poids
différents. Il trouva qu'une corde tendue
par un poids de douze livres, comparée au
ton d'une autre corde tendue par un poids
de six livres, étoit dans le rapport de deux
à un, qui est l'octave ; celle qui étoit tendue
par un poids de huit livres rendit un son
qui étoit à celui de la première, comme trois
à deux, ce qui forme la tierce ; et enfin
qu'une quatrième corde tirée par le poids de
neuf livres donnoit un ton qui, comparé à
celui de la première, formoit la quarte. Ces
connoissances mûrement digérées donnèrent à Pythagore l'idée d'un instrument
pour trouver les proportions et les quantités des sons. Il inventa ensuite une espèce
de lyre composée de sept cordes : ces sept
cordes lui servirent de modèle pour trouver
les sept tons principaux de la voix. Un musicien nommé Simonide ajouta une hui-

tième corde à la lyre de Pythagore, et
Olympe découvrit les semi-tons. En com-
binant ces semi-tons avec les tons entiers,
ce musicien, qui étoit un homme de génie,
forma un système qui comprit les trois
genres principaux de la musique vocale et
instrumentale, savoir : le *diatonique*, le
*chromatique* et l'*enharmonique*.

On inventa ensuite une infinité de caractères, de lettres courbées, couchées, de
notes différentes et de figures, dont le nombre étoit de plus de douze cents. Cette mul-
tiplicité de caractères nuisoit plus à l'art
qu'elle ne le servoit : les Romains les rédui-
sirent aux quinze premières lettres de l'alphabet, dont chacune marquoit les différents tons ; ils en composèrent une table
qui fut nommée *gamma*, d'où vient le nom
de gamme. Les Romains, qui reçurent la musique des Grecs, ne lui firent pas faire
d'autres progrès que ce changement.

La musique, après avoir été dégradée et à
peu près perdue, comme tous les autres
arts, pendant les temps de barbarie, reçut
dans ses caractères une amélioration considérable, par l'invention des sept notes que
nous devons à Gui Aretin. Cette amélioration ne se fit pas sentir dans le moment ;
mais par la suite, en diminuant les diffi-

cultés, elle contribua beaucoup à amener l'art
au point de perfection où nous le voyons.

Quand on voit dans les anciens l'éloge
pompeux qu'ils font de la musique, et avec
quel soin ils la recommandent, il faut se
souvenir que par ce mot général ils com-
prenoient, outre la musique proprement
dite, la poésie, les gestes, la danse, et
pour ainsi dire toutes les sciences. ( Voyez
Gamme. )

# N

NAVIGATION. Voyez *Flottes et Galères.*

NIVEAU. Par le moyen de cet instrument de mathématiques, on tire et on dé-
termine des lignes parallèles à l'horizon ; il
sert encore à connoître la différence de hauteur dans un terrain inégal, ou dans un
corps inégalement posé. Il y a des niveaux
de différentes espèces, qui ont chacun leurs
inventeurs particuliers.

# O

OBSERVATOIRE. Édifice élevé, destiné pour observer les corps célestes. Les
Babyloniens sont les premiers qui aient

construit de ces édifices. Les observatoires les plus fameux aujourd'hui sont ceux de Paris, de Greenwich, de Tycho-Brahé et de Pékin.

ODE. Ce n'étoit, dans l'origine, qu'un hymne ou cantique en l'honneur de la Divinité. Dans la suite l'ode servit à chanter les héros, les athlètes, les amants, l'amour et la table.

ODOMÈTRE. C'est un instrument de mécanique propre à mesurer les distances. Il est tellement construit qu'on peut l'attacher à la roue d'un carrosse. Par les tours que fait l'aiguille, on juge de l'espace de chemin que l'on a parcouru. Cet instrument est très-ancien : Buterfield l'avoit beaucoup perfectionné dès l'an 1678 ; il le rendit encore plus parfait en 1681.

On a aussi inventé de petits odomètres à compter les pas ; ils s'ajustent dans le gousset, et tiennent à un cadran qu'on fait passer au-dessous du genou, et qui, à chaque pas, fait avancer l'aiguille.

OPÉRA. L'opéra prit naissance à Venise, et nous fut apporté à Paris en 1669 par l'abbé Perrin. Lulli et Quinaut, l'un par l'agrément de sa musique et l'autre par la beauté de

11*

ses poëmes, portèrent nos opéras à un
haut point de perfection.

ORFÉVRERIE. L'art de travailler l'or
et l'argent étoit connu dans l'Asie et dans
l'Egypte, dès les temps les plus reculés.
De l'Asie il passa en Europe. Du temps
de Pompée, un orfèvre nommé *Praxitèle*
avoit une très-grande réputation. Il paroît
que, sous le règne de Constantin, il y avoit
un très-grand nombre d'orfèvres à Constantinople.

L'orfévrerie s'est singulièrement perfectionnée dans le siècle dernier, sur-tout à
Paris, où de simples orfèvres ont mérité
de faire passer leur nom à la postérité.

ORGUE. Cet instrument de musique,
qui figure à lui seul tous les autres, est
composé d'un grand nombre de tuyaux qui
se partagent en plusieurs jeux, et on en joue
au moyen d'un clavier. On appelle *orgues
pneumatiques*, ceux qui vont au moyen du
vent, et *orgues hydrauliques* ceux qui vont
au moyen de l'eau. L'orgue pneumatique
a prévalu par-tout. Il n'y a rien de bien
certain sur l'époque où cet instrument fut
inventé : il paroît qu'il étoit connu des empereurs grecs. On dit que l'un d'eux, Cons-

tantin Copronyme, en envoya un en présent
à Pépin, roi de France. L'orgue fut bien évidemment connu chez nous sous les règnes de
Charlemagne et de Louis le Débonnaire.

Le P. Castel avoit fait un *clavecin ocu-*
*laire ;* l'abbé Poncelet voulut faire un *orgue*
*des saveurs ;* il avoit appliqué chaque saveur
à chacun des sept tons de la musique.

Voici quelle étoit sa gamme :

l'acide répondoit à l'ut,
le fade        au ré,
le doux       au mi,
l'amer       au fa,
l'aigre-doux    au sol,
l'austère      au la,
le piquant     au si.

Son instrument étoit semblable à un buffet
d'orgue portatif. Le clavier étoit disposé à
l'ordinaire sur le devant. L'action de deux
soufflets formoit un courant d'air continu.
Cet air étoit porté par un conducteur dans
une rangée de tuyaux acoustiques. Vis-à-
vis de ces tuyaux étoit disposé un pareil
nombre de phioles remplies de liqueurs qui
représentoient les saveurs primitives ou les
tons savoureux. L'instrument, du reste,
étoit disposé de telle sorte, qu'en pres-
sant fortement avec le doigt sur une des
touches du clavier, on faisoit entrer l'air

dans les tuyaux acoustiques, et où faisoit
sortir la liqueur des phioles. Cette liqueur
alloit se verser, au moyen d'un conducteur, dans un réservoir placé au bas des
phioles. Le réservoir commun où tout abou-
tissoit, étoit un grand gobelet de cristal.

L'organiste avoit intérêt à se montrer
bon musicien : s'il touchoit faux, la liqueur
qu'il avoit attirée à lui, étoit détestable ;
s'il touchait savamment, de manière à
former des combinaisons de *tons* harmonieux, la liqueur qui se trouvoit dans le
réservoir étoit excellente : c'étoit là avoir
travaillé pour les enfants et les personnes
friandes. On ne voit pas trop quels résultats un homme sensé pouvoit se promettre
de pareilles expériences.

## P

PAIN. On ne commença à voir des boulangers à Rome qu'au temps de la guerre
de Persée, l'an 580 depuis la fondation
de la ville. Avant cette époque, c'étoient
les dames romaines qui faisoient elles-
mêmes le pain nécessaire à leur famille. On
a trouvé dans les ruines d'Herculanum deux
pains entiers de huit pouces trois à quatre
lignes de diamètre, et de cinq pouces d'é-

paisseur. Tous les deux ont-dessus huit
entailles : il paroît que tout le pain des
Romains avoit ainsi des entailles plus ou
moins nombreuses, afin qu'on pût le par-
tager et le rompre plus aisément.

PANORAMA. Cette expression est composée de deux mots grecs, qui signifient
*vue de la totalité.* On appelle panorama
l'exposition d'une peinture disposée circu-
lairement sur les côtés intérieurs d'une
rotonde, au milieu de laquelle le spectateur
est placée sur une élévation, de manière à y
jouir, dans toutes les directions, de la vue
d'une contrée ou d'une scène de la nature,
dont l'étendue n'est bornée que par l'horizon. On doit l'invention du panorama à
M. *Robert Barker*, peintre d'Edimbourg.
Il y a environ vingt-cinq ans qu'il l'a publiée. Elle a été introduite en France par
M. *Fulton*, Américain, et perfectionnée
par son compatriote M. *James*, à l'aide
des artistes françois *Fontaine*, *Prévot* et
*Bourgeois.*

PANTOMIME. Ce nom est composé de
deux mots grecs, qui signifient *imitateur*
*de tout.* On le donne à ceux des comédiens
dont l'emploi est de représenter des pièces

de théâtre dans lesquelles les paroles sont remplacées par les gestes. Les pantomimes sont peu à peu venus à bout de donner à entendre, non-seulement les mots employés dans le sens propre, mais aussi ceux pris dans le sens figuré. Zozime, Suidas et beaucoup d'autres rapportent l'origine des pantomimes au temps d'Auguste.

PAPIER. C'est du mot *papyrus* que vient celui de papier. Le papyrus étoit la plante dont les Égyptiens et beaucoup d'autres peuples après eux, se servirent long-temps pour écrire. Pour rendre cette plante propre à un tel usage, ils lui faisoient subir différentes préparations. Ils en retranchoient les deux extrémités, et en coupoient ensuite la tige en deux parties égales. Puis ils séparoient avec une pointe ses différentes enveloppes ou tuniques, dont la blancheur croît à mesure qu'on approche du centre. Le nombre de ces tuniques ne passe jamais celui de vingt. On retranchoit les irrégularités de ces feuilles, on les étendoit, et on les couvroit, en Égypte, d'eau trouble du Nil, et, ailleurs, de colle. Chez les Romains, cette colle étoit faite de la poussière de la plante, infusée dans l'eau avec un peu de vinaigre, quelquefois avec de la mie de pain fermentée. Quand les feuilles du papyrus avoient été battues, on versoit ce gluten sur toute leur surface. Sur la première feuille on en posoit une seconde, placée en travers, afin que les fibres se coupassent à angle droit. Après avoir ainsi formé une pièce de papyrus, il falloit la mettre à la presse et la faire sécher; enfin, on battoit avec le marteau le papyrus ainsi préparé, et on le polissoit avec une dent ou avec une coquille. Pour le conserver, on le frottoit ensuite de cédrium, parce que l'on croyoit que cette substance lui communiquoit l'incorruptibilité de l'arbre qui la produit.

Il est faux que les Arabes aient inventé le papier dans le VIII<sup>e</sup> siècle, comme quelques-uns l'ont dit. C'est aux Chinois qu'il faut rapporter cette invention, dont on ne sauroit, au reste, préciser l'époque. Leur papier est fait de la seconde écorce du bambou et d'autres plantes que l'on broie avec de l'eau claire. Ils se servent aussi du coton pour se procurer un papier très-blanc. Ils emploient également de la soie. Des Chinois, cette dernière découverte sera venue de peuple en peuple jusqu'aux Européens, qui auront fait des vieux lambeaux de linge l'usage que l'on faisoit en Asie de ceux de coton, de soie, etc. En France, jusqu'en 1311, on ne connut point d'autre sorte de papier que celui de coton et le papyrus d'Egypte. Notre plus ancien manuscrit sur papier de coton remonte à l'année 1050, et se trouve sous le numéro 2889, dans la Bibliothèque royale. Toutes les recherches faites sur cette matière portent à croire que l'usage du papier de chiffe a commencé en France vers la fin du XIIIe siècle, et qu'avant le XVe on n'y a pas fabriqué ce papier.

Les Chinois n'ont pas de moulins pour broyer et préparer la matière dont ils se servent ; ce qui nuit beaucoup à leur papier et le rendra toujours inférieur à celui que nous fabriquons.

On ne sait précisément à quelle époque et chez quel peuple fut inventé, en Europe, le papier de chiffe. C'est en vain qu'on a voulu faire honneur de cette invention à l'Italie ; on n'en a donné aucune preuve.

PARACHUTF. M. de Montgolfier et M. le marquis de Brantes sont les premiers qui firent l'expérience du parachute. Ils construisirent une espèce de parasol de sept pieds quatre pouces de diamètre, et d'une forme demi-sphérique : douze cordons attachés à différentes parties corres-

pondantes de la circonférence, soutenoient
par le bout opposé un panier d'osier, dans
lequel étoit un mouton. Au-dessous étoient
placées quatre vessies de cochon remplies
d'air; on fit tomber cet appareil du haut
des tours du palais d'Avignon, c'est-à-dire
d'environ cent pieds, après avoir mis le
tout en peloton, si l'on peut parler ainsi,
et l'avoir jeté aussi loin qu'il fut possible,
pour l'écarter des murs. La chute fut très-
rapide dans la première moitié de l'espace;
mais ensuite, le parachute s'étant ouvert,
le mouvement devint très-lent. Dès que
l'appareil fut sur la surface de la terre, le
mouton en sortit avec liberté et s'enfuit
rapidement. On répéta six fois cette expérience avec le même succès. M. Garnerin
fut le premier qui, pour descendre, à la
suite d'une ascension aérostatique, se servit du parachute. Il chercha bientôt à corri-
ger les vacillations qui rendoient cette voiture
fort dangereuse : il y parvint en faisant
faire au haut de son parachute une ouverture circulaire. Elle donne continuellement
passage à une quantité d'air calculée en
proportion de celle qui est nécessaire pour
soutenir le parachute, de manière à ce qu'il
ne descende que peu à peu et dans une
direction perpendiculaire.

PARASOL. L'invention du parasol remonte aux temps les plus reculés. Ce n'étoit point alors un instrument destiné à abriter l'homme de la pluie ou de l'ardeur du soleil : dans plusieurs occasions importantes on le voit présenté comme une marque de dignité, comme un signe auquel il faut reconnoître la puissance divine ou humaine. Pausanias et Hesychius rapportent qu'à Alea, *ville de l'Arcadie*, on célébroit en l'honneur de Bacchus une fête nommée *Scieria*, dans laquelle on promenoit *processionnellement* la statue de Bacchus ayant les tempes ceintes de feuilles de vigne, et placée sur une litière très-ornée, dans laquelle étoit assis un jeune Bacchant, qui portoit un parasol, pour indiquer la majesté de la Divinité. Sur plusieurs bas-reliefs de Persépolis, le roi, ou un des premiers magistrats, est représenté sous un parasol qu'une jeune fille tient au-dessus de sa tête.

PARATONNERRE. L'inventeur du paratonnerre est le célèbre Franklin, né en Amérique, et l'un des bienfaiteurs et des premiers magistrats de sa patrie. Cette invention a été perfectionnée par deux François, MM. l'abbé Chappe et Bertholon. C'est une barre ou verge de fer terminée en pointe, qu'on place sur le point le plus élevé d'un édifice, pour le garantir de la foudre. Un cordon composé de fils de fer ou de laiton tressés, conduit la foudre lorsqu'elle tombe sur le fer protecteur, jusque dans un puits, ou au moins dans un souterrain constamment humide.

Un physicien partant de cette invention, dont l'utilité est évidemment démontrée, a voulu faire un Paratonnerre du parasol dont nous nous servons ordinairement. Il ne s'agissoit que de quelques petits accessoires qui s'adaptoient au parasol et s'en détachoient avec une égale facilité ; mais personne ne s'est soucié de mettre à l'épreuve ce préservatif, que l'on pouvoit bien appeler un remède plus dangereux que le mal.

PARC. C'est une grande étendue de terrain, ordinairement très-fournie en bois, que l'on entoure de murs et de palissades, et où l'on enferme du gibier afin de pouvoir y prendre le plaisir de la chasse. L'origine des parcs est très-ancienne. Les Romains avoient soin de joindre cet agrément à leurs maisons de campagne : plusieurs d'entr'eux ont eu des parcs considérables ; *Fulvius Lupinus* y consacra, dans un de

ses biens, jusqu'à quarante acres ; la circonférence du parc de Pompée étoit d'environ quarante mille pas. Hortensius en
avoit un d'une plus grande étendue encore;
il en faisoit ses délices. Ce parc étoit disposé en amphithéâtre, Hortensius y mangeoit quelquefois avec ses amis dans un
endroit d'où il pouvoit découvrir toute sa
terre : à un certain signal, un esclave habillé
en Orphée sonnoit du cor, et rassembloit
en un moment une grande quantité de
cerfs, de sangliers et d'autre *gibier* dont
l'apparition subite et spontanée récréoit les
convives du maître de la maison.

PARCHEMIN Le parchemin ordinaire
se fait avec de la peau de mouton. On le
polit avec la pierre ponce. Le parchemin
fait avec de la peau de veau est *beaucoup*
plus fin ; il reçoit le nom particulier de
*vélin*. Il est encore un parchemin de peaux
d'agneaux ou de chevreaux avortés : c'est
le plus blanc, le plus uni et le moins sus-
ceptible de se tacher; on le nomme *parchemin vierge.*

Eumènes, ou, selon d'autres, Attale, roi
de Pergame, s'étant proposé d'établir une
bibliothèque aussi considérable ou même
plus magnifique que celle qui avoit été fon-

dée à Alexandrie par Ptolomée surnommé
*Soter*, roi d'Egypte, celui-ci défendit l'ex-
portation du papyrus. Il fallut donc songer
à se procurer une autre matière, et on inventa à Pergame la préparation du parchemin, environ trois cents ans avant l'ère
vulgaire, vers le milieu du V° siècle après
la fondation de Rome. Ce mot de parchemin vient du nom de la ville où eut lieu
l'invention.

PASTEL. Tel est le nom d'une plante
qui fournit une couleur bleue, que l'on est
parvenue, dans ces derniers temps, à rendre
aussi belle que l'indigo, et que l'on emploie avec le même succès à la teinture des
draps. On fait du pastel des crayons de
différentes couleurs, avec lesquels on peint :
c'est ce qu'on appelle *peindre au pastel.*
La peinture au pastel l'emporte sur la peinture à l'huile pour la vivacité, la fraîcheur,
l'éclat du coloris ; son velouté imite très-
bien la nature : mais elle a le défaut de ne
pouvoir résister au moindre frottement, et
d'elle-même elle se détache et se moisit à
la longue. On attribue l'invention de ce
genre de peinture à différentes personnes :
les uns en font honneur à *Thièle*, né à
Erfort, en 1685, et mort en 1752 ; et les

autres à mademoiselle *Heid*, né à Dantzick
en 1688, et morte en 1753. Latour, Liotard
et Rosalba se sont particulièrement distingués par leurs pastels.

PAVÉ. Ce furent les Carthaginois qui
établirent l'usage du pavé : il paroît qu'a-
vant eux on ne connoissoit pas ce moyen
de rendre dans les villes la marche commode et facile. A leur imitation, *Appius*
*Claudius Cœcus* fit paver Rome 188 ans
après la fondation de la république. Bientôt
les Romains étendirent cet avantage aux
routes qui conduisoient de leur cité à d'autres villes, et d'eux vint ainsi la coutume
de paver les grands chemins. Paris fut pavé
pour la première fois en 1184, mais non
pas d'une manière aussi régulière qu'il l'est
maintenant; le pavé plat et uniforme que
nous voyons de nos jours n'y fut établi que
sous le règne de Louis XIV.

On pave le sol des édifices avec des dalles
de pierre, du marbre, etc., de façon quelquefois à former une mosaïque. Cet usage
n'est pas non plus nouveau; il étoit connu
des anciens.

PAYSAGE ( Peinture ). Comme nous,
les anciens avoient fait du paysage un genre

de peinture à part. Dans les temps modernes, ce furent les Flamands qui rétablirent l'ordre dans cette partie de l'art confondue avec toutes les autres, en faisant des tableaux où les paysages furent le sujet principal, et les figures les accessoires. En Italie, le Titien et les Carache ont excellé dans le paysage, et c'est par eux que s'ouvre la liste des paysagistes célèbres. ( Voyez *Peinture.*)

PEINTURE. On ne peut rien dire sur l'origine de la peinture : c'est un de ces arts nés de la civilisation, et il est à croire qu'on l'a cultivé avec plus ou moins de soin chez tous les peuples policés. Le dessin, qui en fait la base, l'a précédé ; et on seroit tenté de croire que la sculpture a précédé le dessin : on trouve des sauvages et des hommes grossiers qui taillent dans le bois ou sur la pierre des figures ou des ornements, sans avoir la moindre idée du dessin et de la peinture.

Les Grecs n'ont point inventé les arts ; ils les ont reçus des Egyptiens et des Phéniciens, mais ils les ont portés à un tel degré de perfection, que c'est ordinairement chez eux que nous en allons chercher l'origine ; il semble qu'il n'y ait rien eu au-

delà. Selon Pline, la peinture n'existoit
point du temps d'Homère ; il tire son opinion de ce que ce poëte ne dit rien de ce qui
a rapport à cet art, tandis qu'il indique
la sculpture ; et généralement la sculpture
fut toujours beaucoup plus cultivée que la
peinture chez les Grecs. Pausanias ne cite
que 88 peintures et 43 portraits, et il
décrit 2827 statues. Sicyone et Corinthe
se disputoient la gloire d'avoir inventé la
peinture. Dans les commencements, elle ne
consistoit que dans le dessin des contours;
c'est ce qu'on appelle la *peinture linéaire ;*
Cléanthès de Corinthe passe pour en être
l'inventeur ; selon d'autres, Philoclès l'E-
gyptien a l'honneur de cette invention.
Dans la suite, on perfectionna ces contours
en y introduisant d'autres lignes ou des
hachures. Les uns attribuent ce perfectionnement à Théléphanes de Sicyone, les
autres à Cordices de Corinthe. On fit encore un pas, et on remplit l'intérieur de
ces contours d'une seule couleur ; c'est ce
qu'on appeloit *monochrome :* on attribue
cette découverte à Cléophanès de Corinthe.
Eumarus fut le premier qui fit distinguer
le sexe. Cimon de Cléone indiqua les
muscles et les vaisseaux sanguins ; il perfectionna aussi le dessin des membres et

de la draperies ; il fit obliquer les figures
que l'on faisoit toujours droites, et varia
les attitudes ; en les faisant regarder de
profil ou derrière. Avant Cimon tout étoit
informe dans la peinture ; les figures, vues
de profil, ne se présentoient que sous un
seul aspect ; les habillements étoient expri-
més tout aussi simplement ; une draperie
n'étoit qu'un morceau d'étoffe qui n'offroit
qu'une surface unie ; entre les mains de
Cimon, cette draperie prit un caractère : il
s'y forma des plis, et l'on aperçut dessous
le relief du corps. Le premier tableau dont
il soit question dans les auteurs anciens
est celui de *la bataille des Magnésiens* en
Lydie ; il fut exécuté par Bularchus. Ce
tableau fut acheté au poids de l'or par
Candaule, roi de Lydie. Il a été fait avant
la dix-huitième Olympiade. Depuis Bularchus, il y a une lacune très-considérable
dans l'histoire de la peinture : elle est d'environ deux siècles et demi. Pline cite Phidias, ce célèbre statuaire, parmi les peintres,
pour quelques tableaux qu'il exécuta : il
vivoit 445 ans avant notre ère. Son frère,
Panænus, étoit regardé comme le meilleur
peintre de son temps ; ce fut lui qui peignit
*la bataille de Marathon* qui ornoit le
pœcile d'Athènes. L'art avoit fait de grands

11

progrès à cette époque : Polignote et Mycon, contemporains de Panænus, contribuèrent beaucoup à ses progrès ; mais il paroît que l'époque de la plus grande splendeur de la peinture ne commença que vers la 94ᵉ Olympiade, et l'on trouve, à la tête des peintres célèbres qui préparèrent cette perfection, Apollodore d'Athènes. Selon Plutarque, il fut le premier qui sut donner à ses tableaux le mérite du clair obscur. Zeuxis d'Héraclée, qui vivoit environ 400 ans avant J.-C., continua ce qu'Apollodore avoit si bien commencé. Enfin, Apelles parut, et il surpassa tous les peintres qui l'avoient précédé. Il réunit dans ses ouvrages ce qui constitue le beau par excellence, la simplicité et la grâce. Alexandre le crut seul digne de faire son portrait.

La peinture passa de la Grèce à Rome, mais ne s'y fit remarquer par aucun progrès ; elle dégénéra sous les empereurs ; et il n'en resta, pour ainsi parler, qu'un souvenir dans la Grèce, qui faisoit partie du vaste empire romain. Ce fut en Italie, dans le cours du XIIIᵉ siècle, qu'elle commença à reparoître : le sénat de Florence fit venir de la Grèce plusieurs artistes qui s'établirent dans cette ville, et qui y formèrent des élèves, par lesquels le goût des arts du dessin s'est développé, s'est propagé en Italie, et de-là dans toute l'Europe. A partir de *Cimabue*, un des premiers élèves des Grecs, la peinture a toujours été en se perfectionnant jusqu'à Michel-Ange et Raphaël.

La peinture à l'huile étoit inconnue aux anciens; ils ne se servoient que de couleurs détrempées avec de l'eau et plus ou moins gommées, ou d'un enduit de cire que l'on appeloit *peinture à l'encaustique.* On attribue communément l'invention de la peinture à l'huile à *Jean van Eyk*, plus connu sous le nom de *Jean de Bruges*, qui a vécu au commencement du XVe siècle. L'huile dont on se sert est celle que l'on exprime des noix. On dit que van Eyk confia son secret à un certain *Antonello*, ou Antoine de Messine, qui passa de Flandres à Venise, où il faisoit valoir cette découverte, qu'il tenoit cependant toujours très-cachée. On ajoute que *Jean Bellin*, peintre en réputation et son contemporain, brûlant du désir de savoir comment Antoine donnoit tant de force, d'union et de douceur à sa peinture, s'habilla en noble vénitien, et alla trouver Antoine pour faire peindre son portrait. Le peintre, déguisé sous les dehors d'un homme opulent, trompa son confrère, qui agit devant lui avec trop de confiance et sans précaution. Jean Bellin, instruit du nouveau procédé, en profita; et c'est ainsi que cette invention fut connue de tous les peintres.

PERLES. Le secret des perles artificielles étoit connu des anciens. On y emploie différents procédés. Massarius rapporte que, de son temps, l'on voyoit à Venise un homme qui imitoit les perles fines au moyen d'un émail transparent qu'il remplissoit d'une matière colorante. Celui qui s'est montré le plus habile en ce genre, a été un marchand de chapelets, nommé *Jaquin.* Les perles artificielles sont composées d'une substance argentine qu'on retire des écailles d'une espèce de petits poissons appelés ablettes.

PHARE. C'est une tour de maçonnerie ou de charpente au haut de laquelle on entretient pendant la nuit un feu allumé, pour servir de signal ou de guide aux vaisseaux. On a nommé ces tours *phares,* de celle que Ptolémée Philadelphe fit construire dans l'île de *Pharos.*

PHOSPHORE. C'est en cherchant la pierre philosophale que Brandt, bourgeois de Hambourg, trouva, en 1669, le phosphore, espèce de soufre qui s'enflamme par le simple contact de l'air. On connoît les propriétés singulières du phosphore : qu'on en mêle dans de la pommade et qu'on s'en frotte ensuite le visage, on paroîtra lumineux dans l'obscurité.

PHYSIONOTRACE. C'est un instrument au moyen duquel, en un moment, on calque un portrait sur la nature. MM. *Quenedey* et *Chrétien* sont les premiers qui aient mis ce genre de portraits au jour, en 1788.

PHYSIQUE. On va chercher l'origine de la physique chez les Grecs et même chez les Brachmanes, les Mages, les prêtres égyptiens. De ceux-ci elle passa aux Sages de la Grèce, particulièrement à Thalès, qui, le premier des Grecs, s'appliqua à l'étude de la nature. Elle fût enseignée ensuite dans les écoles de Pythagore, de Platon, d'Aristote et de leurs successeurs ; ce fut d'eux que les habitans de l'Italie la reçurent pour la répandre ensuite dans le reste de l'Europe.

Dans le temps où nous vivons, la physique est la partie de la philosophie que l'on cultive le plus. Chaque jour, nous

voyons se multiplier les connoissances dans
l'histoire naturelle et dans la physique ex-
périmentale. Depuis un certain nombre
d'années, cette dernière a fait une infinité
de découvertes de la plus haute importance,
telles que la fluidité des corps, l'origine
des fontaines, les propriétés de la lumière,
la formation physique des météores aqueux,
les causes de l'électricité, celles de la glace
et du froid. Nous distinguons, parmi les
plus célèbres physiciens, Galilée, Newton,
Desaguilliers , Muschembroeck , Nollet ,
Brisson , de Parcieux , Francklin , Lavoi-
sier , Fourcroy, etc. Le mot *physique* est
d'invention assez moderne : on ne le trouve
guère dans les ouvrages antérieurs au
XVII<sup>e</sup> siècle.

PLAIN-CHANT. C'est un reste de l'ancienne musique, qui, dégradée par des barbares, n'a cependant pas perdu toutes ses
premières beautés. En effet, le plain-chant
offre encore aux connoisseurs des fragments
précieux de l'ancienne mélodie et de ses divers
modes, autant qu'il est possible de les sentir
sur des paroles sans mètre et sans rhythme.
*Ambroise* , archevêque de Milan , passe
pour en avoir été l'inventeur; c'est-à-dire
qu'il faut penser que ce fut lui qui donna ,

le premier, une forme et des règles au chant ecclésiastique. Le pape *Grégoire le grand* le perfectionna ; mais nous devons les plus beaux morceaux de la musique d'église au roi de France, *Robert*, qui composa le chant de plusieurs répons et antiennes. Il est une espèce particulière de plain-chant qu'on nomme faux-bourdon : c'est de la musique syllabique non mesurée.

PLATINE ( le ). Il a été découvert, depuis quelque temps, dans le Péron. C'est un huitième métal, qui tire son nom du mot espagnol, *plata*, argent, dont on a fait le diminutif *platina*, ou petit argent. Sa couleur, qui est d'un blanc moyen, tient effectivement le milieu entre la blancheur de l'argent et celle du fer, ayant un peu le gras du plomb. Les propriétés de ce nouveau métal sont du plus grand intérêt pour la société. Il n'est attaquable par aucun acide simple, ni par aucun dissolvant connu, si ce n'est par l'eau régale. Il ne se ternit point à l'air, et ne s'y couvre point de rouille. Il a la fixité de l'or, et est indestructible ; sa dureté égale presque celle du fer, et son infusibilité est beaucoup plus grande : on le trouve dans les mines d'or. Don Ulloa est le premier

qui en ait parlé dans la relation qu'il publia ,
en 1748, d'un long voyage qu'il venoit de
faire au Pérou. L'année suivante , Wood,
métallurgiste anglois, en a apporté des
échantillons de la Jamaïque dans la Grande-
Bretagne.

PLOMBERIE. C'est l'art de fondre et
de travailler le plomb. Nous avons des
mines de plomb dans le Limosin. On en
trouve aussi dans l'Espagne, en Allemagne, en Pologne et en Angleterre. Les
mines de Peak en Angleterre sont celles
qui fournissent le plomb le plus sain. L'art
de la plomberie a éprouvé dans le siècle
dernier, des changemens avantageux. Le
*plomb coulé en table* est fort inégal dans
son épaisseur; on y a substitué le *plomb
laminé*; dont l'épaisseur est parfaitement
égale.

PLUMES A ECRIRE. On n'a commencé à se servir des plumes d'oies pour
écrire, qu'au cinquième siècle. Parmi les
autres instruments qui auparavant étoient
en usage, il faut remarquer la canne et
le roseau.

POELE. Les poêles dont nous nous servons pour échauffer nos chambres pendant

l'hiver, sont d'une invention très-ancienne : les Romains en faisoient usage.

POÉSIE. Il est inutile d'en chercher l'origine : on la retrouve chez tous les peuples sauvages ou policés. Avant que les hommes pussent transmettre à la postérité les événements remarquables de leur temps, en les rédigeant en corps d'histoire, ils en composoient des espèces de poëmes lyriques qu'ils chantoient à leurs enfants, afin de leur faire aimer la gloire de leur patrie, et de les attacher à elle par une espèce d'orgueil national. C'étoit aussi par des chants poétiques qu'ils imploroient la divinité, ou la remercioient de sa munificence. Les premiers monuments de l'histoire hébraïque sont des cantiques sacrés; les poëmes d'*Homère* nous ont fait connoître les commencements de la Grèce, et le barde *Ossian* a été le premier historien des Ecossois. Les Gaules ont eu aussi leurs bardes, qui chantoient au milieu des armées et dans les festins : ces poëtes subsistèrent jusque sous nos premiers rois; mais la poésie proprement dite ne jeta quelques lueurs que sous Charlemagne; puis il n'en fut plus question jusqu'au commencement du XII<sup>e</sup> siècle, que les *troubadours* ou *trouvères* lui rendirent la vie en allant chanter de tous côtés les belles et les héros.

Abélard, si célèbre par ses amours et par ses malheurs, essaya un des premiers de faire des vers dans le langage vulgaire que l'on parloit en France, de son temps; il chanta cette Héloïse qu'il aimoit si tendrement, et pour laquelle son sort devint si déplorable. La traduction de la vie d'Alexandre, du latin en français, fut ensuite commencée par Lambert Licors, et achevée par Alexandre de Paris, qui, pour cet ouvrage même, donna son nom aux grands vers ou vers alexandrins. Le *Roman de la Rose* vint plus tard. Sous le règne de Charles V, on vit paroître les chants royaux, les ballades, les rondeaux, les pastorales et les virelais; et Villon, du temps de Louis XI, donna aux vers français un tour plus aisé et plus naturel. Sous Louis XII, Saint-Gelais traduisit l'*Odyssée* d'Homère, l'*Enéide* de Virgile et les *Epîtres* d'Ovide.

Arriva le règne de François I$^{er}$ : la poésie française prit alors une forme à la fois plus régulière et plus gracieuse; on lit toujours avec plaisir les pièces légères de Clément Marot, fruits d'un génie facile, et qui devina les grâces convenables à notre langage.

A partir de cette heureuse époque jusqu'à Henri IV , la poésie ne fit que peu de progrès.

Enfin Malherbe vint.....

Avec un goût sévère et un esprit qui avoit de l'élévation , ce poëte sentit que notre langue manquoit de noblesse et de régularité , et c'est à lui donner ce double et précieux avantage qu'il s'attacha dans ses compositions. Boileau à tracé de main de maître cette révolution opérée dans la poésie française :

Enfin Malherbe vint, et le premier, en France ,
Fit sentir dans ses vers une juste cadence,
D'un mot mis à sa place enseigna le pouvoir,
Et réduisit la muse aux règles du devoir.
Par ce sage écrivain la langue réparée
N'offrit plus rien de rude à l'oreille épurée.
Les stances avec grâce apprirent à tomber ,
Et le vers sur le vers n'osa plus enjamber.
Tout reconnut des lois ; et ce guide fidèle
Aux auteurs de ce temps sert encore de modèle.

Ainsi , sans être un de ces hommes que l'on place au premier rang, Malherbe prépara le beau siècle littéraire de Louis XIV ; et la poésie noble n'eut peut-être pas encore paru avec tant d'éclat et de correction, si son goût difficile et son oreille délicate n'eussent trouvé et reconnu le vrai génie de notre langue.

POIDS ET MESURES Quoique le commerce se soit fait long-temps par échanges et par estimations, l'usage des poids et mesures est de la plus haute antiquité. L'Ecriture Sainte en parle en un grand nombre d'endroits. Différents passages d'Homère prouvent que l'on connoissoit de son temps les poids et les mesures. Eutrope veut que les Sydoniens en aient été les inventeurs ; les Crétois en attribuoient l'invention à Mercure, les Argiens à Phéidon, les Grecs à Palamède ou à Pythagore. Pendant bien des siècles les poids et mesures ont varié en France, suivant les différentes provinces ; mais le Gouvernement sous lequel nous vivons actuellement, les a fixés pour tout l'Empire d'une manière uniforme.

POMMES DE TERRE. Cette plante est originaire du Chili, et si nous songeons au parti que nous en tirons dans les moments de disette, nous la regarderons comme un des plus riches présents qu'ait pu nous faire l'Amérique. Long-temps la pomme de terre a été abandonnée aux bestiaux ; mais peu à peu l'homme s'est accoutumée à s'en faire un aliment : maintenant elle se trouve sur toutes les tables, et l'on a même su en composer des mets et des pâtisseries que ne dédaignent point les gastronomes les plus difficiles. C'est à M. Parmentier, membre de l'Institut, que nous devons en France la culture générale de la pomme de terre. Il a par ses expériences et ses ouvrages, fait connoître les excellentes qualités de cette plante, et de pareils travaux sont de véritables bienfaits pour l'humanité : le nom de cet estimable citoyen doit être rappelé avec reconnoissance. La pomme de terre n'est connue en Europe que depuis 1590. C'est l'amiral anglois *Walter Raleigh* qui le premier l'a fait connoître aux Européens.

POMPE. C'est une machine hydraulique dont on se sert pour élever des eaux. *Ctesibius* d'Alexandrie, qui a vécu après Archimède, et à qui on doit plusieurs autres machines hydrauliques, passe pour avoir été l'inventeur de celle-ci. Nous connoissons aujourd'hui trois espèces principales de pompes, dont chacune a des avantages particuliers : la première est aspirante, la seconde refoulante, et la troisième agit à la fois par aspiration et par refoulement. La pompe de Ctesibius est en même temps foulante et aspirante.

POMPES A FEU, ou *machines à feu*,

Ce nom appartient à toutes les machines qui sont mises en mouvement par l'action de l'eau réduite en vapeur. Pour se mettre à même de juger de l'effet de ces machines, il faut se figurer que 140 livres d'eau converties en vapeur, produisent une explosion capable de faire sauter une masse de 77,000 livres, tandis que 140 livres de poudre ne sauroient exercer cette même action que sur une masse de 30,000 livres. MM. *Perrier* ont établi à *Chaillot* et au Gros-Caillou deux machines qui peuvent approvisionner d'eau la ville de Paris entière. Presque tous les peuples de l'Europe ont des pompes à feu, car l'expérience en a généralement démontré l'utilité.

PONCTUATION. Avant que l'on eût établi la ponctuation pour faciliter l'intelligence des manuscrits, on laissoit un espace vide entre chaque phrase. Puis on mit chaque phrase ou demi-phrase à l'alinéa. Ce furent ces espaces vides qui donnèrent naissance à la ponctuation. Dom Bernard de Montfaucon ne veut pas que la ponctuation des manuscrits remonte au-delà d'Aristophane le grammairien. On prétend qu'il fut l'inventeur des signes distinctifs des parties du discours. Le point, placé tantôt au

haut, tantôt au bas, et tantôt au milieu de
l'espace qui suivoit la dernière lettre, étoit
le seul signe distinctif employé par les anciens. L'un n'étoit qu'une petite pause ou
une légère respiration, que les Latins nommoient *incisum*, et les Grecs *comma*; et
alors le point se posoit au bas de l'épaisseur
de la ligne, comme nous le posons maintenant; la seconde pause étoit plus grande,
mais laissoit encore l'esprit en suspens; on
la désignoit par le point marqué au milieu
de la largeur de la ligne. La dernière termi-
noit le sens; on la marquoit par le point
placé au haut de l'épaisseur de la ligne.
Dans la suite on divisa la seconde en demi-
membre. Depuis plusieurs siècles, la première se désigne régulièrement par une
virgule, le membre par deux points perpen-
diculaires, le demi-membre par un point
et une virgule, et la dernière par un point
mis au bas du mot.

PONT. Les Romains construisoient leurs
ponts avec beaucoup de solidité et de magnificence. La plus imposante et la plus mer-
veilleuse de celles de leurs constructions en
ce genre, qui existe encore, c'est le pont
du Gard. Il est à trois étages, et présente
ainsi la figure de trois ponts posés l'un sur

l'autre : le premier a six arches, le second
en a onze, et le troisième trente-six. Celui
de nos ponts dont la forme et la décoration
approchent le plus du système des anciens,
est celui de Paris, qu'on appelle le *Pont-
Neuf*, et qui a été commencé, en 1578, sur
les dessins de l'architecte *J. Adrouet du
Cerceau*, et fini en 1604, sous la direction
de *G. Marchand*. Nous avons, dans cette
même ville et dans son voisinage, le pont
de la place Louis XV et celui de *Neuilly*, qui
se font remarquer par leur hardiesse et leur
légèreté. Le pont de l'Ecole militaire mérite aussi d'être particulièrement cité. Les
ponts en fer ont pris quelque crédit chez
nous depuis une vingtaine d'années : les piles
seules de ces ponts sont en pierre, tout le
reste de l'édifice se compose de fer. Cette
construction nous vient des Anglois.

PORCELAINE. Les Egyptiens ont connu
l'art de fabriquer la porcelaine : ils y employoient les mêmes procédés et les mêmes
couleurs qu'on emploie aujourd'hui. Cet
art aura passé d'Egypte en Asie, et de là en
Chine, où il s'est conservé, le pays n'ayant
eu à souffrir ni de longues guerres, ni de
fréquentes révolutions. On divise en six
classes la porcelaine d'Asie : *la truitée*, *le*

*blanc ancien*, la porcelaine du Japon, celle de la Chine, le japon chiné et la porcelaine de l'Inde. La porcelaine *truitée*, ainsi nommée, sans doute, à cause de sa ressemblance avec les écailles de la truite, est la plus ancienne, et celle qui rappelle le plus l'enfance de l'art par ses imperfections. Le *blanc ancien* est une très-belle porcelaine, mais dont la pâte paroît très-courte, et qui ne peut conséquemment donner que de petits vases, ou des figures et des magots. On la vend dans le commerce comme porcelaine du Japon. En général, la porcelaine du Japon et celle de la Chine se confondent facilement. Cependant il est à remarquer que ce qu'on appelle véritablement *japon*, a une couverture plus blanche et moins bleuâtre que la porcelaine de la Chine ; les ornements y sont moins prodigués, les dessins et les fleurs moins baroques et mieux copiés sur la nature ; le bleu y est aussi plus éclatant. Le *japon chiné* unit les ornements de la porcelaine de la Chine à ceux de la porcelaine du Japon. Dans la *porcelaine des Indes*, toutes les couleurs, à l'exception du bleu, se relèvent en bosse, et il est rare qu'elles soient bien appliquées. C'est cette porcelaine qui nous fournit la plupart des tasses, des

assiettes et des autres vases dont nous nous
servons en Europe.

L'Europe a aussi ses manufactures de
porcelaines renommées; on distingue particulièrement celle de Saxe, et celle de
Sèvres, près Paris. Nous nous servons en
France d'une terre d'une extrême blancheur,
découverte en 1757, par M. *Viloris*, à
Saint-Yves en Limosin. Toute porcelaine
est une substance moyenne entre l'état de
terre et l'état de verre.

PORTE. Les portes des Grecs s'ouvroient
en dehors, et celles des Romains en dedans.
On regarda chez ces derniers, comme une
marque singulière d'honneur, la permission
accordée à Marcus Valerius Publicola,
d'ouvrir sa porte en dehors, à l'usage des
Grecs. Quelquefois la porte n'avoit qu'un
battant, quelquefois elle en avoit deux ou
plusieurs. On appeloit *fores* les portes que
l'on ouvroit en dehors, *valvæ* celles qu'on
ouvroit en dedans. Lorsqu'une porte appelée
*fores* avoit deux battants, on l'appeloit
*bifores*.

Les portes des anciens ne rouloient pas
sur des gonds, comme les nôtres, mais elles
se mouvoient par le bas dans le seuil, et
par le haut dans le linteau, sur ce que nous

nommons un *pivot de porte*, ou plutôt une *crapaudine.*

Dans quelques maisons d'Herculanum, on a trouvé des portes dont les battants étoient de marbre.

Les grands tenoient toujours leurs portes fermées à Rome : les esclaves désignés par le nom de *janitores* avoient particulièrement la fonction de l'ouvrir. Celles des tribuns restoient au contraire ouvertes, afin que chacun pût parler à toute heure à ces magistrats du peuple.

On peignoit les portes de différentes couleurs ; on y gravoit des inscriptions ; on y attachoit en trophées les dépouilles des ennemis qu'on avoit vaincus, ou celles des animaux qu'on avoit tués à la chasse. Les jours de fêtes et de réjouissance, on couronnoit les portes avec des guirlandes de toutes sortes de fleurs, avec des feuillages et des arbres qu'on plantoit solennellement : dans les occasions de deuil, on se servoit d'un cyprès.

Les premiers Romains plaçoient les figures de leurs dieux aux portes de leurs villes : leurs descendants y substituèrent celles des empereurs, et de là vint l'usage d'y mettre les armes des princes à qui les villes appartenoient.

Chez les anciens, l'entrée des temples se fermoit par des portes à un ou à deux battants : ces portes étoient tantôt en bois, tantôt en bronze, comme celles du temple de Jupiter à Olympie ; tantôt en bois couvert de plaques de bronze, comme celles du Panthéon à Rome. Quelquefois ces portes étoient ornées d'or et d'ivoire ouvragés. Virgile, dans ses *Géorgiques*, parle des portes d'un temple sur lesquelles on avoit exécuté en or et en ivoire un *combat d'Indiens vaincus par les Romains.*

Tout le monde sait que la cour du Grand-Seigneur a le nom de *Porte ottomane*, de *Sublime Porte :* voici à quel sujet. Mostadhem, le dernier calife de la race des Abassides de la première dynastie, fit enchâsser sur le seuil de la principale porte de son palais de Bagdad un morceau de la fameuse pierre noire du temple de la Mecque ; tous les seigneurs de la cour rendoient à cette pierre, ainsi qu'à une pièce de velours noir attachée au haut de cette porte, des honneurs excessifs, n'entrant pas sans avoir prodigué à l'une et à l'autre les plus grandes marques de respect. Une porte si vénérable et si respectée fut bientôt appelée la *Porte par excellence*, et elle ne tarda point à donner son nom au siége même de l'autorité.

PORTE-VOIX. C'est un instrument qui porte la voix humaine à une très-grande distance. On en attribue l'invention au célèbre jésuite Kircher, natif de Fulde, et l'un des plus grands physiciens et des plus habiles mathématiciens du XVII<sup>e</sup> siècle. L'histoire nous apprend qu'Alexandre-le-Grand avoit une espèce de trompette avec laquelle il se faisoit entendre de toute son armée.

POSTE. Si nous en croyons Hérodote, les postes furent inventées par Cyrus, roi de Perse, à l'époque de son expédition contre les Scythes, environ 500 ans avant la naissance de J.-C. Il est probable que les postes romaines furent établies par Auguste. Chaque citoyen romain contribuoit aux frais des réparations des grands chemins et de l'entretien des postes, personne ne pouvant s'exempter de cette charge. Les seuls officiers de la chambre du prince, appelés *præpositi sacri cubiculi*, en étoient exceptés.

Les postes de France n'étoient presque rien avant le règne de Louis XI; ce prince est le premier de nos rois qui s'en soit sérieusement occupé, et qui leur ait donné une véritable consistance. Il fixa en divers endroits des stations, des gîtes où les chevaux de poste étoient entretenus : il a eu à ses

13<sup>*</sup>

gages jusqu'à deux cent trente courriers. Les particuliers pouvoient se servir des chevaux destinés à ces courriers, en payant dix sous par cheval pour chaque traite de quatre lieues. Les successeurs de Louis XI ont continué à étendre et à perfectionner cette institution, dont l'utilité se fait sentir plus vivement de jour en jour ; et les postes de France sont maintenant dans le meilleur état possible.

POTERIE. L'art de la poterie doit être presque aussi ancien que les hommes. Il étoit tellement honoré par les Israélites, que l'on voit dans la généalogie de la tribu de Juda une famille de potiers, qui travailloit pour le roi et demeuroit dans ses jardins.

POUDRE A CANON. Elle fut inventée, dit-on, en 1380, par Berthold Schwartz, cordelier, natif de Fribourg, et appelé le *Moine Noir*. Il avoit déjà été question, dans le siècle précédent, de quelque chose qui pouvoit conduire à cette découverte : Roger Bacon, dans un livre publié à Oxford en 1216, parle de l'explosion de salpêtre renfermé dans un globe, comme d'une expérience familière ; ce même chimiste parle de feux artificiels dont la bouillante impétuosité imitoit les effets de la poudre, à en juger par l'idée qu'il cherche à en donner.

POURPRE. Le chien d'un berger brisa sur le bord de la mer, un coquillage. Le sang qui en sortit lui teignit la gueule d'une couleur que tout le monde admira. On chercha les moyens d'appliquer cette couleur sur les étoffes, et on y réussit : voilà l'invention de la pourpre. Les uns veulent que cette découverte ait été faite sous le règne de Phœnix, second roi de Tyr, un peu plus de 1500 avant J.-C. ; d'autres dans le temps où Minos régnoit en Crète, environ 1439 ans avant l'ère chrétienne. Le plus grand nombre s'accorde à attribuer l'invention de teindre les étoffes en pourpre à l'Hercule tyrien. Le roi de Phénicie, auquel il fit hommage de ses premiers essais, fut, dit-on, si content de la beauté de cette nouvelle couleur, qu'il en défendit l'usage à tous ses sujets, la réservant pour les rois et pour l'héritier présomptif de la couronne.

Pline divise en deux classes toutes les espèces de poissons qui servoient à teindre en pourpre ; les *buccins*, ou cornets de mer, et les coquillages nommés eux-mêmes *pourpre*, du nom de la teinture qu'il fournissoient.

PROSE. C'est un chant rimé qui se dit avant l'évangile, aux fêtes solennelles seulement. Notker, moine de Saint-Gall, qui écrivoit vers l'an 880, fut le premier qui composa des proses.

PYRIQUE ( spectacle ). On appelle ainsi des feux d'artifice qu'on fait jouer dans des lieux enfermés et couverts. Il n'y a guère plus d'un demi-siècle que ce spectacle est en usage : il est de l'invention de MM. Ruggieri, artificiers polonois.

PYROMÈTRE. *Muschembroeck* est l'inventeur de cet instrument de physique qui sert à mesurer l'action du feu sur les métaux et sur les autres corps solides.

# Q.

QUADRATURE. C'est dans les ouvrages d'Anaxagore qu'il est question, pour la première fois, de la quadrature du cercle. Archimède est celui des anciens qui en a approché le plus près.

QUATRAIN. C'est une stance ou strophe composée de quatre vers qui doivent avoir un sens complet, et dont les rimes peuvent être suivies ou mêlées. *Pibrac* est

le premier qui ait mis en honneur ce genre
de poésie. Voici un quatrain sur des pati-
neurs :

> Sur un mince cristal l'hiver conduit vos pas,
> Le précipice est sous la glace :
> Telle est de vos plaisirs la légère surface.
> Glissez, mortels ; n'appuyez pas.

QUINQUINA. C'est l'écorce d'un arbre
du Pérou. Le hasard a fait connoître aux
sauvages de l'Amérique la vertu de cet
excellent fébrifuge. Des branches de cet
arbre étant tombées dans un étang, elles en
rendirent l'eau amère à mesure qu'elles
pourrissoient. Un homme en but dans un
accès de fièvre qui lui donnoit une soif
violente ; il fut guéri : le même breuvage,
pris par plusieurs autres, produisit sur eux
le même effet.

Les sauvages cachèrent long-temps ce
remède aux Espagnols, par suite de la
haine qu'ils avoient pour eux. Il vint enfin
à la connoissance de ceux qui habitoient
le canton de Loxa, où l'arbre qui produit
le quinquina est plus commun que par-
tout ailleurs. Ils le communiquèrent au
reste de leurs compatriotes dans une occasion assez remarquable. La comtesse de
Chinchon, vice-reine du Pérou, étoit attaquée, depuis plusieurs mois, d'une fièvre

tierce opiniâtre. Le corrégidor envoya de l'écorce de quinquina au vice-roi, son patron, répondant de la guérison de la princesse, si on vouloit lui administrer ce fébrifuge. La princesse ayant effectivement recouvré la santé, fit venir de Loxa une provision de quinquina qu'elle distribua à tous ceux qui en avoient besoin, et ce remède commença à acquérir de la réputation, sous le nom de *poudre de la comtesse*. Les jésuites ne tardèrent pas à en distribuer gratis, et il prit le nom de *poudre des jésuites*, qu'on lui a long-temps donné en Amérique et en Europe.

En 1649 on en vit dans l'Italie et dans l'Espagne; les jésuites l'y avoient envoyé. Ce fut le *cardinal de Lugo* qui en apporta le premier en France, en 1650.

# R

RÉVERBÈRE. C'est en 1766 que les réverbères ont été substitués aux lanternes, qui, auparavant, éclairoient la ville de Paris.

RHÉTORIQUE. La rhétorique n'est autre chose qu'un recueil d'observations faites d'après ceux qui parloient ou qui écrivoient bien. Des manières de parler et de composer, qui leur ont valu des succès, on a fait des préceptes pour les personnes qui veulent apprendre à bien parler et à bien composer. Hésiode assure que, dès le temps de la guerre de Troie, les Grecs avoient établi sur ce point des règles et une méthode positives, et réduit ainsi la rhétorique en art. Cet art passa des Grecs aux Romains, desquels nous l'avons nous-mêmes reçu. En l'année 1521, parut la première rhétorique françoise; elle étoit intitulée : *Le grand et vrai art de pleine rhétorique*, par *Pierre Fabri*, natif de Rouen, curé de Merai.

## RONDEAU.

Le rondeau, né Gaulois, a la naïveté.....

On rapporte à Villon l'invention de cette petite pièce de poésie.

## S

SABLES. ( Manière dont les Hollandois les fixent. ) Les Hollandois ont imaginé de fixer les sables mobiles qui sont au sud-ouest d'Harlem, avec une espèce de roseau à calice, portant une seule fleur à feuilles repliées, piquantes, qu'ils appellent *roseau de sable*, et avec le blé piquant. Ils transplantent ce roseau de sable dans leurs dunes, après l'avoir coupé à un demi-pied au-dessus de la racine, ou même un peu moins, et s'en servent ainsi pour que le vent ne puisse pas emporter le sable.

SAIGNÉE. Le premier exemple que nous ayons de la saignée ne remonte pas à des temps moins reculés que ceux de la guerre de Troie. Podalire, frère de Machaon, guérit Syrna, fille du roi Damathus, qui étoit tombée du haut d'une maison, et il fit cette cure en saignant la princesse, des deux bras. Damathus, par reconnoissance, lui donna sa fille en mariage, avec la Chersonèse pour dot.

SATIRE. Pour la caractériser, transcrivons le portrait qu'en a fait Boileau :

La satire, en leçons, en nouveautés fertile,
Sait seule assaisonner le plaisant et l'utile ;
Et d'un vers qu'elle épure au rayon du bon sens,
Détrompe les esprits des erreurs de leur temps.
Elle seule, bravant l'orgueil et l'injustice,
Va jusque sous le dais faire pâlir le vice ;
Et souvent sans rien craindre, à l'aide d'un bon mot,
Va venger la raison des attentats d'un sot.

Ce fut aux Toscans que les Romains durent la connoissance de ce genre de poésie, qui n'étoit, dans l'origine, qu'une

espèce de chanson en dialogue. Le poëte
Lucilius fixa l'état de la satire ; elle devint,
grâce à lui, une critique des hommes, de
leurs désirs, de leurs craintes, de leurs
passions, et c'est sous cette forme que nous
la présentèrent depuis, avec tant de succès,
Horace, Perse et Juvénal.

Boileau est le plus célèbre satirique françois. Regnier s'étoit exercé avec succès dans
le même genre.

SAVON. Il a été inventé à Savone en
Italie, et c'est de là que lui est venu son
nom.

SCEAU ou SCEL. L'usage des sceaux
est de la plus haute antiquité ; il est dit
dans la Genèse, que Darius fit mettre son
sceau sur le temple de Bel. Les sceaux des
Egyptiens étoient ordinairement gravés sur
des pierres précieuses.

Les sceaux des rois de France de la première race, à l'exception de Childéric Ier
et de Childéric III, étoient des anneaux
orbiculaires. C'étoit avec le pommeau de
son épée que Charlemagne scelloit les ordres
qu'il donnoit : son sceau y étoit gravé. Ce
prince disoit ordinairement en le montrant :
*Voilà mes ordres ;* et il ajoutoit en montrant

son épée : *Voilà ce qui les fera respecter
de mes ennemis.*

Sous Philippe Auguste le *sceau* tenoit
encore lieu de signature.

SCIE ( la ). Les anciens attribuoient l'invention de la scie à *Dédale* et à son neveu
*Talus.*

Plusieurs peuples, parmi lesquels on peut
citer les habitans d'une partie de la Russie,
ne connoissent point encore cet instrument
si utile.

SCULPTURE. Les premières statues
furent de terre modelée. Des modèles en
terre on passa assez rapidement aux représentations en pierre, en bois et en métal.
On lit dans l'Ecriture que les Israélites
adorèrent un veau d'or dans le désert :
Moïse fit placer aux deux extrémités de
l'Arche d'alliance deux chérubins d'or.
Du temps de Pausanias, on voyoit dans
la ville d'Argos un Jupiter de bois qui
passoit pour avoir été trouvé dans le palais
de Priam lorsque Troie fut prise. Les
Egyptiens, que l'on présente comme les inventeurs de la sculpture, avoient un goût
décidé pour les colosses et pour les figures
gigantesques. Toutes leurs statues étoient

sans élégance, sans grâce; les bras étoient
pendants et collés sur le corps ; les jambes
et les pieds joints l'un contre l'autre, sans
geste, sans attitude et sans correction. La
sculpture ancienne dut sa perfection aux
Grecs. *Dipène* et *Scyllis*, tous deux Crétois,
sont réputés les premiers qui aient tenté de
polir et de sculpter le marbre à Sicyone. Ce
ne fut cependant que du temps de Périclès,
plus de 150 ans après ces Crétois, que la
sculpture atteignit ce caractère de pureté,
d'élégance, et ce degré sublime auxquels
elle parvint chez les Grecs. L'art de la
sculpture fut apporté de la Grèce en Italie
par *Démarate*, père du premier Tarquin :
deux artistes célèbres qu'il amena avec lui,
communiquèrent cet art aux Toscans. Les
premières statues que l'on vit à Rome
furent une représentation de Jupiter en
terre cuite, et quatre chevaux de même
matière, que Tarquin fit placer devant un
temple. Peu à peu l'art de la sculpture se
perfectionna chez les Romains, et y parvint
au même point que chez les Grecs, mais
cultivée par des artistes grecs. Les plus
beaux morceaux qui nous viennent des
anciens sont : l'Apollon du Belvédère, la
Vénus de Médicis, et le groupe de Laocoon
et de ses enfants.

L'art de la sculpture avoit été entièrement négligé dans le moyen âge : l'Italie est le pays où il fut remis en honneur. Les Italiens surnommèrent *Nicolas Pisano*, l'un de leurs sculpteurs, mort en 1270, le restaurateur du bon goût de la sculpture. Plusieurs artistes, Italiens de nation, tels que Michel-Ange, ont été également célèbres dans la sculpture et la peinture.

Nous avons eu aussi en France des sculpteurs célèbres. Le règne de Louis XIV en a fourni plusieurs dont les ouvrages sont, jusqu'à un certain point, dignes d'être mis en parallèle avec ceux des anciens. Le premier sculpteur dont notre pays puisse véritablement se glorifier, est *Jean Goujon*, de Paris : son plus considérable ouvrage fut la fontaine des Nymphes, appelée *des Innocents*, terminée en 1550. François Girardon est de tous les sculpteurs employés sous Louis XIV, celui qui a acquis le plus de célébrité.

SEL. Dès les premiers siècles, on a fait usage du sel. Homère, quand il veut donner une idée de l'ignorance grossière de certains peuples, dit : « qu'ayant du sel, ils ne savent pas même en user pour assaisonner et pour conserver leurs viandes. »

Alexis rapporte que Phidippas fut le premier des Grecs qui imagina de saler le poisson. On n'a point connu cette ressource en France, avant le règne de Louis le Jeune.

SELLE. L'histoire parle pour la première fois de selles, en 340. Elle dit que dans un combat livré par Constance à son frère Constantin, le premier pénétra jusqu'au corps de cavalerie au milieu duquel se tenoit le second, et le renversa de dessus sa selle. Bécan veut que les Saliens, anciens peuples de la Franconie, aient été les inventeurs de la selle.

SERRES CHAUDES. Les serres chaudes ne sont pas fort anciennes. Il y a quatre vingts ans qu'elles n'étoient presque pas en usage. Sous le règne de Louis XIV on ne pouvoit venir à bout de faire produire des fruits aux ananas, et à présent dans les serres on en obtient des milliers.

SERPENT. Cet instrument, qui sert à soutenir le chant de nos églises, doit son nom à sa figure, qui est effectivement celle d'un serpent. On prétend qu'il fut inventé à Auxerre, par Edme Guillaume, chanoine de la cathédrale de cette ville, vers l'an 1590.

SERRURERIE. Les anciens ne connoissoient ni les serrures ni les cadenas. La
serrurerie en général s'est beaucoup perfectionnée dans les siècles modernes. On a
vu des grilles qui ont passé pour de véritables chefs-d'œuvres.

M. Papin, professeur de mathématiques
à Marbourg, composa en 1699 une serrure d'une construction singulière. Quoiqu'on en eût remis la clef entre les mains
de quelques serruriers fort habiles, en pré-
sence desquels on avoit ouvert et refermé
plusieurs fois la cassette où cette serrure
étoit attachée, ils ne purent jamais la rouvrir.

SIGNAL. Les Grecs ont été les inventeurs des signaux. Agamemnon en fit usage
pour informer Clytemnestre de la prise de
Troie, et elle en eut connoissance le jour
même. Les signaux ne purent d'abord donner aucun détail sur l'évènement qu'ils an-
nonçoient ; mais ils se perfectionnèrent par
la suite. Polybe parle d'une méthode par le
moyen de laquelle on pouvoit faire lire peu
à peu à un observateur ce qu'il étoit in-
téressant d'apprendre ; il en attribue l'invention à un nommé Cléoxène.

Nos signaux militaires sont de cinq
sortes : la voix humaine, le tambour ; la

trompette, le canon, les mouvement des
drapeaux et des étendards.

Les signaux sur mer se font, pendant le
jour, par des pavillons de différentes couleurs; et la nuit par le canon, les pierriers,
les fusées et les fanaux. ( Voy. *Télégraphe.* )

SIPHON. C'est un tube recourbé dont
une branche est ordinairement plus longue
que l'autre, et dont on se sert pour faire monter les liqueurs, pour vider les vases et
pour différentes expériences hydrostatiques.
Héron est un des premiers qui en aient
expliqué les propriétés.

SISTRE. C'étoit un instrument de musique de l'invention des Egyptiens. Ils s'en
servoient dans leurs cérémonies réligieuses.
Il étoit de métal, à jour, et ressembloit à
peu près à une de nos raquettes. Ses branches, percées de trous à égales distances,
recevoient trois ou quatre petites baguettes
mobiles de même métal, qui passoient au
travers, et qui, étant agitées, rendoient un
son fort aigu. Le sistre figuroit dans les
réjouissances des Hébreux. Lorsque David
revint de l'armée, après avoir tué Goliath,
les femmes sortirent de la ville en chantant et
en dansant avec des tambours et des sistres.

SOIE. Il paroît que l'art de mettre la soie
en œuvre fut inventé dans l'île de Cos par
Pamphile, fille de Platis. Cette découverte
fut bientôt transmise aux Romains, qui n'en
surent pas profiter. L'empereur Héliogabale
passe pour être le premier qui ait porté en
Europe des habits de soie. Aurélien en
refusa un à l'impératrice sa femme, en lui
disant : *aux Dieux ne plaise que j'achète
du fil au poids de l'or !* Les Romains alors
ne savoient point encore faire la soie ; ils
l'achetoient des Éthiopiens. Ce furent deux
moines qui, arrivant des Indes à Constantinople, offrirent à l'empereur Justinien
d'enseigner à ses sujets cet art, qui pouvoit leur devenir si utile. L'empereur les
renvoya à Sérinde, ville où ils avoient de-
meuré, chercher des œufs des insectes qu'ils
disoient ne pouvoir être transportés vi-
vants. De retour à Constantinople, ces moines firent éclore dans le fumier les œufs
qu'ils rapportèrent, et ainsi fut connu des
Romains le secret des vers à soie.

Ce fut, chez nous, Louis XI qui, en
1470, établit des manufactures de soierie
à Tours. Les premiers ouvriers mis en activité dans ces manufactures furent appelés
de Gênes, de Venise, de Florence et même
de la Grèce; car la soierie étoit connue dans

tous ces pays avant de l'être dans le nôtre.
On a inventé une grande quantité de machines propres à faciliter la fabrication des
étoffes de soie : la plus utile jusqu'à présent est celle du sieur Jurines, maître pas-
sementier de Lyon. M. Ban, premier pré-
sident de la chambre des comptes de Montpellier, fit faire en 1709, des mitaines et
des bas de soie avec les *cocons* dans lesquels les *araignées des jardins* enveloppent
leurs œufs.

SONNETS. Ils étoient en vogue en Italie
depuis Pétrarque. Dubellay les fit revivre
en France, où il y avoit des siècles qu'ils
étoient négligés. Quelques-uns attribuent à
Jodelle le premier sonnet françois qui ait paru.

SOUDURE. Les anciens connoissoient
l'art de souder. On a dans le musée d'Herculanum un buste de femme qui porte des
marques certaines de soudure.

SOUFFLET. Le philosophe Anacharsis,
scythe de nation, et qui vivoit 592 ans
avant J.-C., fut l'inventeur du soufflet.

SPALME. Le spalme est un vernis-mas-
tic dont on peut faire usage pour garantir
les bois de charpente exposés à l'air ou qui

14

trempent dans l'eau. Il a été inventé par
le sieur Maille.

SPECTACLE. Les spectacles des anciens tenoient à la religion, et n'avoient
lieu qu'aux jours de fêtes consacrées aux
dieux et aux héros en l'honneur desquels
on les célébroit. La Grèce avoit quatre spectacles généraux, qui se donnoient dans de
vastes plaines près des villes d'Olympie, de
Delphes, de Corinthe et de Némée. On les
nommoit les jeux olympiques, pythiques,
néméens et isthmiques. On voyoit dans ces
fêtes des courses à pied, à cheval, en chars,
des combats de poésie, de musique, etc.
Chaque ville avoit aussi ses spectacles publics,
composés des mêmes exercices. Lacédémone
seule faisoit exception à cette règle. On n'y
représenta jamais ni comédies ni tragédies :
on n'y voyoit ni cirques ni amphithéâtres,
ni courses sur des chars, ni combats d'a-
thlètes ou d'animaux ; les exercices du corps
dans lesquels on pouvoit montrer de l'adres-
se, de la force, de la patience et du courage, étoient les spectacles que les Lacédémoniens se donnoient à eux-mêmes, et dont
tour à tour ils devenoient volontiers spectateurs. Les spectacles des Romains furent
à peu près les mêmes que ceux des Grecs.

Ils se composoient de deux sortes de jeux,
ceux du théâtre et ceux du cirque, qui
consistoient dans les combats athlétiques,
dans les combats de gladiateurs et d'animaux féroces. (Voyez *Comédie*, *Tragédie*,
*Théâtres.*)

STANCE. C'est sous le règne de Henri
III, en 1580, que les stances ont été intro-
duites dans la poésie françoise. Il y a des
stances de quatre, six, huit, dix, douze et
quatorze vers; on en fait aussi de cinq, de
sept, de neuf et de treize vers.

STATUES. Les premières statues furent
celles que les hommes élevèrent pour ho-
norer les dieux. Plus tard, ils associèrent
les héros à cet honneur, et il vint un temps
où, à Rome, les statues des simples particuliers, faites de fantaisie, se trouvèrent en
si grand nombre que l'an 596 de la république, les censeurs P. Cornélius Scipio et
M. Popilius les firent ôter des marchés :
celles qui avoient été élevées par suite des
décrets du peuple et du sénat, suffisant pour
embellir ces lieux publics.

En France, jusqu'au règne de Louis XIII,
il n'y eut d'autres statues de nos rois que
celles qu'on plaçoit sur leurs tombeaux, au
portail de quelque grand édifice, ou dans
les maisons royales.

STÉNOGRAPHIE. Voyez *Tachygraphie.*

STÉRÉOTYPIE. Ce procédé d'imprimerie est de l'invention de MM. *Didot* et
*Herhan.* Il consiste à imprimer avec des
caractères fixes : ce qui met à même de
faire plusieurs réimpressions d'un même
ouvrage sans renouveler la composition et
la correction ; on peut, par ce moyen, donner au public des livres d'une correction
finie et à bien meilleur compte.

STUC. C'est une pierre de composition,
avec laquelle on imite et on surpasse même
les marbres les plus recherchés : elle étoit
connue des anciens. *Jean d'Udine* prétend
avoir découvert la manière dont ils la composoient.

SUCRE. On ne sauroit prescrire le temps
où le sucre a paru pour la première fois ;
il est cependant certain que *les anciens*
l'ont connu, puisqu'au rapport de Théophraste, de Pline et autres, ils faisoient
usage du sucre de certains roseaux, qui vrai-
semblablement étoient des cannes à sucre.
Mais il paroît que l'antiquité n'a pas possédé l'art de cuire ce sucre, de le condenser,
et de le réduire en une masse solide et
blanche, comme nous le faisons aujourd'hui.

La *canne à sucre* ou *canné de sucre*, comme on la nomme dans le pays qui la produit, est massive, garnie de nœuds rapprochés les uns des autres; son écorce est mince et sert d'enveloppe à une multitude de longues fibres parallèlement disposées, formant une espèce de tissu cellulaire, rempli d'un sucre doux, agréable, un peu gluant, et qui ressemble à du sirop délayé dans beaucoup d'eau. Les cannes plantées dans une bonne terre s'élèvent ordinairement à six ou huit pieds; leur diamètre est de douze à quinze lignes environ ; elles acquièrent une belle couleur jaune en mûrissant ; leur suc est savoureux. Celles que l'on fait venir dans les terrains bas et marécageux, s'élèvent jusqu'à douze pieds et même plus, et elles sont presqu'aussi grosses que le bras; mais leur suc, quoiqu'abondant, est fort aqueux et peu sucré : les terrains arides, au contraire, donnent de très-petites cannes dont le suc est peu abondant, trop rapproché, et comme à demi-cuit par l'ardeur du soleil. Dans un bon terrain, soigné comme il doit l'être, le plant des cannes à sucre subsiste douze, quinze ans, et même plus. L'âge auquel on doit couper les cannes n'est point fixe, le temps de leur maturité variant suivant la température des saisons. Il ne faut

jamais le faire lorsqu'elles sont en fleurs ;
on doit prévenir ce moment d'un mois environ, ou bien attendre qu'il y ait un même
espace de temps qu'il soit passé. Pour tirer
le sucre des cannes, il faut les écraser ; on
se sert, pour cette opération, de moulins à
eau, de moulins à vent et de moulins à
bœufs ou à chevaux.

M. Barré de Saint-Vincent, ingénieur
hydraulique à Saint-Domingue, avoit trouvé
le moyen de perfectionner les moulins à
sucre. Grâce à son procédé, deux mulets
faisoient facilement ce qu'on avoit de la
peine à faire auparavant avec six. M. Sharp,
Anglois, a aussi inventé un moulin à sucre,
qui écrase mieux les cannes et peut épargner bien des accidents. Devant ce moulin
sont placés de très-forts madriers percés de
deux trous, par lesquels on fait passer les
cannes à sucre; de sorte qu'un nègre, sans
attention, n'est point exposé aux risques
d'avoir les bras brisés dans cette terrible
machine, accident qui a souvent lieu dans
les îles.

*Raffinage du sucre.* Il y a dans le suc
des cannes, comme dans plusieurs autres
sucs des plantes, une partie qui cristallise,
et une qui ne cristallise pas. Le sucre proprement dit est cette partie du suc des

plantes qui cristallise, mise à part et dégagée du mélange de la mélasse ou sirop qui ne cristallise pas. L'objet du travail des raffineries est donc de séparer ces deux parties l'une de l'autre, et ce travail est tout entier renfermé dans deux points : 1° faire cristalliser la plus grande quantité de sucre qu'il est possible ; 2° emporter le plus exactement qu'il est possible toute la mélasse. On arrive au premier point en faisant évaporer par la cuite l'eau surabondante ; et au second, en lavant le sucre déjà cristallisé, avec de l'eau qui emporte toute la mélasse, parce que cette mélasse est incomparablement plus soluble que le sucre cristallisé.

Nous avions des raffineries dans plusieurs de nos villes, telles que Bordeaux, Orléans, etc. ; on en comptoit soixante à Amsterdam.

Il faut voir dans le sucre un sel combiné d'huile, d'acide et de terre : il est dissoluble dans l'eau, nutritif, fermentescible, cristallisable ; inflammable, et rempli de beaucoup de matière électrique ; pour peu qu'on le frotte dans l'obscurité, il jette une lueur très-considérable. On peut distiller le sucre et en tirer un esprit ardent très-fort. Il faut pour cela saisir le moment où, en dissolution dans une égale quantité d'eau commune, il subit la fermentation vineuse. Le sucre a encore la propriété de se charger des saveurs et des odeurs qu'on lui communique, telles que la fleur d'orange. Il peut unir ensemble l'huile et l'eau, de manière que ces deux substances deviennent inséparables.

*Sucre des Arabes.* Les Arabes ont fait mention de trois espèces de sucre, qui sont : le *sacchar arundicanus*, c'est-à-dire le sucre de roseaux ou de cannes; le *tabaxir* et le *sacchar alhusser* ou *alhussar*. Le tabaxir semble n'être autre chose que le *sacchar mamba* des Indes, ou le sucre naturel des anciens, qui venoit du roseau en arbre. Le sucre *alhusser* ou *alhussar* est une larme qui découle d'une plante d'Egypte, nommée *beil-el-ossar*. Cette plante croît, selon P. Alpin, dans des lieux humides, auprès d'Alexandrie, dans le bras du Nil appelé *Nili-Calig*, et au Caire, près de Mathare.

*Sucre d'érable.* C'est un sucre que les sauvages du Canada et des autres parties de l'Amérique font avec une liqueur qu'ils tirent d'une espèce d'érable, que les Anglois nomment, pour cette raison, *sugar maple*, c'est-à-dire *érable de sucre*. Il y a encore une espèce d'érable désignée particulièrement par *Gronovius* et *Linnœus*, d'où l'on tire aussi du sucre. Mais l'érable nommé érable de sucre, est celui qui en produit le plus abondamment. Voici la manière dont les sauvages et les Européens s'y prennent pour tirer le sucre de cet arbre : c'est au printemps, lorsque les neiges commencent à disparoître, que les érables dont nous venons de parler sont pleins de suc. Alors on y fait des incisions, ou bien on les perce avec un foret, ayant soin d'y faire des trous ovales. Il en sort une liqueur très-abondante, qui découle ordinairement pendant l'espace de trois semaines. On reçoit cette liqueur dans un auget de bois qui la conduit à un baquet. Quand on en a amassé une quantité suffisante, on la met dans une chaudière de fer ou de cuivre que l'on place sur le feu; on y fait évaporer la liqueur jusqu'à ce qu'elle devienne assez épaisse pour ne pouvoir plus être remuée facilement : alors on retire la chaudière du feu, et on remue le résidu, qui, en refroidissant, devient solide, concret et semblable à du sucre brut ou à de la mélasse.

Dans le temps que la guerre maritime rendoit nos communications avec l'Amérique de la plus grande difficulté, nos chimistes ont cherché à tirer du sucre de différentes plantes de notre sol, et ils ont réussi dans plusieurs de leurs tentatives.

*Sucre de betterave.* Avant même les circonstances malheureuses qui ont sur ce sujet
aiguillonné notre industrie , M. Achard ,
chimiste de l'Académie de Berlin , étoit
parvenu à faire du sucre de betterave. Son
rapport est de février 1800. Quinze cents
livres de racines de betteraves lui ont donné
cinquante-sept livres et demie de sucre brut.
Nos chimistes se sont emparés de cette découverte; et , content de leurs travaux, le
Gouvernement a voulu que chaque dépar-
tement fournît un certain nombre d'acres
de terre , qui devoient être ensemencés de
betteraves destinées à cet usage.

*Sucre de raisin.* La cristallisation du
sucre de raisin est très-difficile ; mais ce
fruit, qui nous est déjà si précieux sous un
autre rapport, fournit un sirop propre à tous
les usages auxquels on emploie le sirop de
sucre.

*Sucre de châtaigne , de tilleul , d'ami-*
*don*, etc. On a tiré du sucre du miel , du
blé de Turquie , et même du tilleul. Cette
dernière découverte est due à M. Dalhman ,
Suédois. Quatre-vingt-quatorze pots de sève
de tilleul lui ont produit une demi-livre de
sirop, trois livres et demie de sucre brut,
et quatre onces de sucre en poudre. Ce sucre

avoit une douceur et un goût particulier qui
n'étoient pas désagréables. A Naples, on s'est
occupé en même temps, avec succès, de la
fabrication du sucre de châtaigne. Ce sucre
ne paroît le céder en rien au sucre de canne,
et en même quantité que ce dernier, il produit les mêmes effets. M. Kirchhof, de
Saint-Pétersbourg, en essayant de convertir
l'amidon en gomme arabique, a trouvé le
moyen d'en faire du sucre. Il a réussi, dit-il,
à tirer cent livres de sucre d'un mélange
de cent livres d'amidon, quatre cents livres
d'eau, deux livres d'acide sulfurique et
quatre à six livres de craie. M. Dœbereiner,
l'un des professeurs de l'université d'Iéna,
a soumis les procédés de M. Kirchhof à un
examen scientifique, et il assure les avoir
perfectionnés à un tel point, qu'il change
l'amidon en sucre, à moins de frais que le
chimiste de Saint - Pétersbourg, et dans
l'espace de sept à huit heures : son sucre
est beaucoup plus pur.

# T

TABAC. Ce mot vient du nom de Ta-
baco, ville du Jucatan, province de l'Amérique, où les Espagnols trouvèrent cette
plante, vers l'an 1520. On prend du tabac

en poudre par le nez ; en mâchicatoire, en
le mâchant, et en fumée, par le moyen
d'une pipe. Le tabac arriva en Europe par
l'Espagne et le Portugal, où Hermandès de
Tolède l'introduisit. Ce fut Jean Nicot,
ambassadeur de François II auprès de Sébastien, roi de Portugal, qui fit connoître
cette plante en France, en l'offrant en présent à la reine Catherine de Médicis et au
grand-prieur : aussi fut-elle d'abord appelée
*la nicotiane*, *l'herbe à la reine*, *l'herbe au
grand-prieur*. Le tabac n'est devenu chez
nous d'un usage général que depuis 1600 : il
fut d'abord solennellement défendu comme
dangereux et funeste.

TABLE. *Les tables à manger* des anciens étoient de différentes formes : d'abord
on les fit basses, à un ou plusieurs pieds,
et sans aucun ornement. On les construisit
ensuite de bois recherchés, et on les orna
de mosaïques et de marqueteries, de nacre
de perle, et d'ébène : ce luxe prit naissance
dans l'Asie, et les Grecs l'en rapportèrent
chez eux à l'époque de leurs conquêtes. A
Rome, du temps de la république, on ne
mettoit point de napes sur les tables : à
chaque service on les nettoyoit, et les convives se lavoient les mains. Plus tard ce-

pendant on se servit de napes, appelées *mappæ* : elles étoient de toiles peintes, avec des raies de pourpre. Sous certains empereurs, on en vit de drap d'or. ( Voyez *Lits de table.* )

TACHYGRAPHIE ou TACHEOGRA-PHIE, ou l'*Art d'écrire aussi vite que la parole*. Le premier ouvrage qu'on ait eu sur cet art avoit été imprimé à Paris en 1685 : il étoit écrit en latin, et son auteur se nommoit de Ramsay. C'est de Samuel Taylor, Anglois, que nous tenons les principes de la tachygraphie; ils ont été accommodés à notre langue dans un ouvrage de M. Bertin, intitulé : *Système universel et complet de sténographie*, ou *Manière abrégée d'écrire, adaptée à la langue françoise d'après la méthode de Taylor.*

TAMBOUR. Ni les Grecs ni les Romains ne connoissoient le tambour : ils se servoient de la trompette pour guider ou animer les soldats dans leurs différents exercices. On entendit en France des tambours, pour la première fois, en 1347, lors de l'entrée d'Edouard III dans Calais.

TAN. L'art de tanner les peaux des animaux pour les rendre propres à différents

15

usages , est très-ancien ; mais on ignore quel en fut l'inventeur.

TAPISSERIES. Les Grecs et les Romains avoient des tapisseries. Dans les temps modernes , ce genre d'ameublement a été porté à un haut point de perfection. Sous le règne de François I⁰ʳ on voyoit déjà des tapisseries d'un grand prix : ce prince paya vingt-deux mille écus une tapisserie en soie et en or , où étoit représenté le triomphe de Scipion ; et dix-huit mille écus une autre où l'on avoit figuré la vie de Saint Paul. (Voy. *Gobelins*).

TEINTURE. C'est au règne végétal que la teinture doit la plus grande partie de ses compositions. On connoît environ cent et une plantes teinturières. On perfectionne chaque jour l'art de teindre ; mais on ignore quel en fut l'inventeur.

TÉLÉGRAPHE. L'invention du télégraphe est toute nouvelle ; elle ne date que de l'année 1794. Nous la devons à M. Chappe, qui la présenta à l'assemblée nationale de cette époque , comme un moyen de correspondre rapidement avec nos armées les plus éloignées. Le temps nécessaire à la transmission et à la révision des signaux , d'un poste à l'autre, peut aller à 20 secondes.

TÉLESCOPE. Le télescope, à cause de
son imperfection primitive, n'offrit pas d'a-
bord tous les avantages qu'on en tire maintenant. Si l'on en croit Wolf, il fut inventé
par Jean-Baptiste Porta, noble napolitain ;
mais il n'avoit alors que tout au plus un
pied et demi de long. Simon Marius, en
Allemagne, et Galilée, en Italie, furent les
premiers qui firent de longs télescopes propres
aux observations astronomiques. L'étymologie
du mot *télescope* est grecque ; elle signifie
*qui voit de loin.*

THÉATRE. Les Grecs, attribuant à
Bacchus l'invention de ces édifices, on les
vit, dans les temps les plus reculés, les
construire souvent dans l'enceinte des
temples de ce dieu. Il étoit encore une
autre raison qui les y portoit : nous faisons
observer à nos lecteurs dans notre article
sur la tragédie, que les premières pièces de
ce genre étoient des hymnes accompagnées
de danses en l'honneur de Bacchus. Les
premières représentations théâtrales ne se
firent cependant pas toujours dans l'enceinte
des temples : souvent, dans la campagne,
une cabane construite de branches d'arbres
fut le lieu de la scène, et dans les villes un
échafaudage en bois. Thespis représentoit

ses pièces sur des charriots. Peu à peu les échafaudages, construits à la hâte et sans précaution dans les villes, se changèrent en édifices réguliers où le luxe déploya ce qu'il avoit de plus riche et de plus recherché. Athènes eut des théâtres de la plus grande splendeur, et qui l'emportoient en magnificence sur ce que, dans les temps modernes, nous avons eu de plus remarquable en ce genre. Les Romains n'eurent pendant long-temps que des théâtres de bois. Les jeux terminés, on abattoit ces édifices qui, du reste, ne consistoient qu'en une scène sans gradins pour les spectateurs, ceux-ci étant obligés de se tenir debout. Ce fut Marcus Æmilius Lepidus qui, le premier chez les Romains, fit bâtir un théâtre avec des siéges. Ces édifices devinrent par la suite plus magnifiques encore que ceux de la Grèce. Il ne faudroit pas juger de l'étendue des théâtres anciens par celle que nous donnons aux nôtres : un théâtre alors pouvoit quelquefois contenir jusqu'à trente mille spectateurs. Ce n'étoit point un lieu fermé comme chez nous; les spectateurs y étoient entièrement exposés aux injures de l'air, dont on les garantissoit quelquefois à Rome dans les temps de luxe, en étendant au-dessus de leur tête un voile de pourpre.

THÉRIAQUE. Andromaque, médecin de l'empereur Néron, fut l'inventeur de la thériaque. On n'estimoit autrefois que celle de Venise ; mais il est reconnu maintenant que celle de Paris ne lui est point inférieure, et l'on se sert aussi avec confiance de celle de Montpellier.

THERMOMÈTRE. C'est un instrument de physique au moyen duquel on mesure les degrés de chaleur et de froid : on en attribue l'invention à un paysan hollandois, nommé Drebbel. Depuis ce thermomètre très-imparfait, on en a vu paroître une infinité d'autres, parmi lesquels se remarquent ceux de Farheinheit, de Réaumur, de Delisle et de Leroi, etc. ; on en compte jusqu'à dix-sept. Farheinheit est le premier qui se soit servi du mercure pour le thermomètre. Le thermomètre de Réaumur est celui que l'on consulte le plus généralement.

TIMBALE. Quelques auteurs attribuent l'invention des timbales aux Perses. Les Sarrasins en faisoient usage dès le temps des premières croisades. Les premiers Européens qui s'en sont servis sont les Allemands. Lorsqu'en 1457 des ambassadeurs hongrois vinrent en France demander pour

*Ladislas*, leur roi, la main de madame Magdeleine, fille de Charles VII, ils apportèrent avec eux des timbales, et ce fut la première fois que l'on en vit chez nous. On en prit aux Allemands sous le règne de Louis XIV, et pendant quelque temps on ne permit l'usage de cet instrument militaire aux régimens de cavalerie, qu'autant qu'ils l'avoient conquis sur l'ennemi.

TOUR. C'est une machine qui sert à donner à certains ouvrages les formes que l'on désire. On s'accorde à en attribuer l'invention aux Grecs, et on nomme particulièrement *Talus*, neveu de *Dédale*. Il paroît que c'est Phidias, célèbre statuaire, contemporain de Périclès, qui a fait les premiers ouvrages en bois à la confection desquels a coopéré cette machine ingénieuse.

TRAGÉDIE. La tragédie ne fut, au commencement, qu'une hymne que l'on chantoit, en dansant, en l'honneur de Bacchus. Les Athéniens introduisirent dans cette cérémonie des chœurs de musique et des danses réglées. Thespis y fit entrer, le premier, un acteur qui récitoit quelques discours pour donner le temps aux musiciens et aux danseurs de se reposer. On nomma

les récits de cet acteur *épisodes*. Peu à
peu ces épisodes formèrent la tragédie, et
les chœurs n'en furent plus que les accom-
pagnements. Environ cinquante ans après
Thespis, Eschyle mit deux acteurs dans
les épisodes, en leur donnant des masques,
des habits convenables aux personnages
qu'ils représentoient, et des *cothurnes* ou
chaussures élevées. *Sophocle* et *Euripide*
vinrent ensuite. Ils perfectionnèrent encore
la tragédie, et en firent un spectacle touchant, par la manière dont ils surent mettre
en jeu les plus grandes passions et les plus
grands sentiments qui puissent occuper le
cœur de l'homme. Les Romains ne connurent la tragédie qu'environ l'an de Rome
514, c'est-à-dire 160 ans après Sophocle et
Euripide : leurs premiers poëtes tragiques
ne furent que les traducteurs des pièces
grecques. Quintilien parle avec beaucoup
d'avantage de la *Médée* d'Ovide ; mais de
toutes les tragédies des Romains nous n'a-
vons que celles de Sénèque.

Nos premières tragédies, quoiqu'imitées
des auteurs grecs, n'étoient que des ouvrages informes et sans esprit. Ce fut Corneille qui tira notre théâtre de la barbarie,
et il le fit briller d'un vif éclat lorsqu'il
donna le *Cid* en 1635. Cette pièce, qui ne

pouvoit être comparée avec rien de ce que
nous possédions dans notre langue, devint
l'objet de l'admiration générale ; bientôt on
dit, par forme de proverbe, *cela est beau
comme le Cid.* Cependant Corneille pouvoit s'élever plus haut encore, et il le
prouva en donnant *Cinna*, *Rodogune* et
*Polyeucte*. En ouvrant la carrière il sembloit n'avoir laissé aucun espoir à un concurrent ; Racine se présenta, et se plaça
bientôt à côté du vainqueur. Ses moyens
étoient différents : il peignit sur le théâtre
les passions avec un art et dans des termes
qui firent de ses pièces l'école du bon goût
en tous genres. Corneille avoit été sublime,
mais incorrect ; Racine eut de l'élévation
et de la grandeur quand il en fallut, et fut
toujours pur et harmonieux. Crébillon, qui
vint ensuite, quoique d'un mérite bien inférieur à ces maîtres de la scène, eut aussi
ses beaux moments ; et si son but fut de
rendre la tragédie terrible, il y réussit au
moins d'une manière qui lui fut glorieuse.
Surpasser de tels hommes étoit un honneur
auquel il eût semblé téméraire de prétendre ; cependant Voltaire se plaça au-
dessus de Crébillon, et mérita souvent d'être
comparé à Corneille et à Racine.

VAC 261

TROMPETTE. C'est en Égypte que cet instrument guerrier fut inventé ; on en fait honneur à Osiris, un des premiers rois de ce pays.

TROUBADOURS. Ce fut au commencement du XII⁰ siècle et dans la Provence, que l'on vit paroître les troubadours. Ils peuvent être considérés comme les premiers poëtes françois. Un troubadour avoit toujours avec lui ses chanteurs et ses ménestrels : les premiers chantoient ses vers, les seconds les accompagnoient sur leurs instruments. Les rois et tous les grands seigneurs se faisoient gloire d'avoir des troubadours auprès d'eux. Parmi ces poëtes aimables, on trouve souvent des noms illustres : tel homme d'extraction noble, qui n'avoit qu'une moitié de seigneurie, alloit ainsi gagner de quoi acquérir le reste. Ce fut à la fin du XIV⁰ siècle que l'on vit disparoître les troubadours. Le mot *troubadour* ou *trouvère* signifie *inventeur* : ce nom atteste la haute estime que l'on avoit, dès ces premiers temps, pour la poésie.

# U — V

VACCINE (la). L'inoculation de la petite vérole étoit déjà un grand bienfait pour

15*

l'humanité : grâce à elle on commençoit à
redouter moins les effets de cette cruelle et
hideuse maladie ; mais la bannir tout-à-fait
du milieu de nous, étoit une espèce de pro-
dige que devoit opérer la vaccine. La vaccine ou le cowpox des Anglois est aussi une
maladie éruptive, mais si resserrée qu'on ne
peut même, pour les inquiétudes qu'elle
occasionneroit, la comparer à l'indisposition
la moins considérable. Elle a son siége au
pis de la vache, où elle se manifeste par
des pustules. Le docteur Jenner, domicilié
à Bertheley, dans le comté de Glocester
en Angleterre, remarqua que les personnes
chargées de traire les vaches atteintes de
ce mal, le gagnoient si elles avoient aux
mains, soit une coupure, soit une érosion,
ou toute autre blessure ; il se convainquit
également, par une suite d'observations, que
celles de ces personnes qui n'avoient pas
eu la petite-vérole, s'en trouvoient tellement préservées par l'effet du cowpox, que
l'inoculation même étoit sans puissance sur
elles. Pour s'assurer de ses observations,
qui pouvoient produire un si grand bien,
il inocula le cowpox à différents sujets,
sur lesquels l'inoculation de la petite-vérole
ne produisit ensuite aucun effet. Un vacciné qu'il fit coucher entre deux enfants

couverts de boutons de petite-vérole en
pleine suppuration, demeura inaccessible à la
contagion. Le docteur publia le résultat de ses
expériences en 1798. Malgré les nombreuses
contradictions que son invention essuya
d'abord de la part des personnes défiantes,
ou tenant par système aux anciennes cou-
tumes, elle ne tarda point à triompher,
chacun des essais qu'on en faisoit, lui
devenant évidemment favorable. On appela
*vacciner* l'action d'inoculer la vaccine.
Cette opération est de la plus grande simplicité. On fait sur chaque bras trois ou
quatre piqûres inclinées et légères, avec une
lancette chargée de vaccin, c'est-à-dire de
virus extrait des pustules du cowpox, ou
bien de celles que la vaccination a fait
naître sur des individus de l'un ou de l'autre
sexe, quel que soit leur âge. Tout appareil
est inutile, toute précaution extraordinaire
devient superflue : il s'agit seulement de
laisser bien sécher sur la piqûre la petite
goutte de sang qui en est sortie, et d'éloi-
gner du vacciné les causes d'indisposition
ou de maladie. La vaccination est également applicable aux femmes enceintes, aux
enfants à l'époque de la dentition ou atteints
de quelques virus, et aux individus d'une
complexion foible ou maladive. La maladie

ne fait son éruption que par les piqûres qui
ont servi à introduire le vaccin. Non-seulement les gouvernements européens ont
encouragé cette précieuse découverte , ils
ont encore eu soin de former de toutes
parts des établissements dont l'objet est de
propager la vaccine , et d'en faire un
préservatif général contre la petite-vérole.
La France , sous ce rapport , a apporté un
zèle qui lui fait autant d'honneur que si
cette invention fût sortie de son sein.

Le docteur Jenner , dans l'opinion des
véritables appréciateurs des actions , est
déjà compté parmi les plus grands bienfaiteurs de l'humanité , et son nom doit
être rappelé , dans tous les temps , à la
reconnoissance et au respect du genre
humain. Qui sait combien d'hommes lui
devront d'avoir joui de l'existence entière ,
et qui peut se glorifier d'avoir fait une
découverte plus utile ?

VAISSEAUX. On ne se servit d'abord
pour diriger et conduire les vaisseaux que
des rames et des avirons faits à l'exemple
des nageoires des poissons. Leur queue
donna ensuite l'idée du gouvernail. C'est en
cherchant à s'échapper de l'île de Crète ,
que Dédale inventa les voiles , à la faveur

desquelles il traversa la flotte de Minos sans qu'on pût l'arrêter. ( Voy. *Flotte* ).

VASES. Les anciens croyoient que les cornes des animaux avoient été les premiers vases dont s'étoient servis les hommes : l'huile sacrée du tabernacle étoit gardée dans une corne ; les premiers poëtes nous présentent toujours leurs héros buvant dans des cornes. On fit ensuite des vases de terre cuite. On prépara plus tard encore la peau des animaux, afin de la rendre propre à conserver des liqueurs : lorsqu'Abraham renvoya Agar, il lui mit sur l'épaule une outre pleine d'eau. Vinrent enfin des vases de toutes sortes de matières, enrichis de tout ce que le luxe et l'art peuvent y ajouter de plus précieux.

## VAUDEVILLE.

Le François né malin forma le vaudeville,
Agréable, indiscret, qui conduit par le chant,
Passe de bouche en bouche et s'accroît en marchant.
La liberté françoise en ses vers se déploie :
Cet enfant de plaisir veut naître dans la joie.

BOILEAU.

La malice est de tous les pays et de tous les temps ; ainsi les chansons du genre du vaudeville ont dû être connues des anciens ;

les chansons satiriques que chantoient les
soldats romains autour du char de triomphe de leur général, étoient de véritables
vaudevilles; mais comme cette malice agréable est plus naturelle aux François qu'aux
autres peuples, on leur a fait honneur d'un
genre de poésie aussi malicieux, ou plutôt
ils s'en sont fait honneur eux-mêmes; et,
dans le fait, cela leur étoit bien dû, car
aucun autre. peuple n'a produit autant de
chansons si jolies et si piquantes.

On rapporte qu'un foulon, nommé *Olivier Basselin*, de Vire en Normandie, mit
en vogue ce genre de chansons, qui furent
appelées d'abord *vaudevires*, parce qu'on
les chanta dans le *vau* ou la vallée *de Vire*.
Par la suite ce mot fut changé en celui de
*vaudeville*. Olivier Basselin vivoit dans le
quinzième siècle. Ses chansons, qui tenoient
de la barbarie du temps, ont été corrigées,
un siècle après, par un nommé *Jean Le-
houx ;* et c'est dans cet état qu'elles nous
sont parvenues. Notre plus aimable et plus
spirituel *vaudevilliste* est *Pannard*, qui
vivoit dans le siècle dernier.

VÉLIN. Voyez *parchemin.*

VELOURS. Cette étoffe est très-ancienne.

On ignore à quelle époque remonte son invention, et quel fut son inventeur ; mais dès le XIII<sup>e</sup> siècle on en faisoit un grand usage.

VENTILATEUR. C'est une espèce de soufflet ou pompe d'air, qui sert à renouveler l'air dans un endroit quelconque. Il y a plusieurs espèces de ventilateurs : le premier et le plus utile est celui du célèbre M. Hales, qui lut le projet de cette machine dans une assemblée de la Société royale de Londres, au mois de mai 1741.

VERNIS. L'art de composer le vernis a été long-temps ignoré en Europe. Ce n'est qu'au XVI<sup>e</sup> siècle, que les missionnaires jésuites étant entrés dans la Chine, on commença à connoître le vernis, qui est devenu l'objet de tant de recherches. Depuis ce qu'en ont publié le P. Martini et le P. Kircher dans leurs ouvrages, il est incroyable combien l'on s'est exercé en Europe pour trouver un vernis supérieur à celui-là, soit en le perfectionnant, soit en imaginant différentes combinaisons de gomme, de résine, etc.

Le vernis de la Chine est une résine qui découle d'un arbre nommé, au Japon, *sitz-dsiu*, et *tsi-chu* à la Chine.

VERRE. Ce fut, dit-on, environ mille ans avant J.-C. que se fit la découverte du verre. Des marchands de nitre traversant la Phénicie, voulurent faire cuire leurs aliments sur les bords du fleuve Bélus. Ils se servirent de morceaux de nitre au lieu de pierres, pour élever leurs trépieds. La matière s'embrasa, se fondit avec le sable, et forma de petits ruisseaux d'une liqueur transparente, qui, s'étant figée à quelques pas de là, indiqua la manière de faire le verre. Plusieurs siècles se sont cependant écoulés avant que le verre ait atteint le degré de perfection où nous le voyons aujourd'hui. Il a été long-temps rare, et regardé comme très-précieux. Une mosaïque de verre excita l'admiration des Romains dans le temps de Sylla. Saint Pierre ayant trouvé dans un temple de l'île d'Aradus des colonnes de verre qui étoient, à la vérité, d'une grandeur et d'une grosseur extraordinaires, négligea, pour leur donner toute son attention, d'excellentes statues de Phidias, que renfermoient le même lieu. Dans le XVIe siècle même, on ne se servoit qu'aux fêtes solennelles, de verres à boire.

*Peinture sur verre.* Il paroît que ce fut d'un peintre marseillois qui travailloit à Rome, vers l'an 1509, que les Italiens apprirent l'art de peindre sur le verre. François Ier, le père et le restaurateur des lettres et des beaux-arts en France, ne négligea rien pour attirer dans ses états les gens à talents; il n'oublia point les peintres sur verre, qui produisirent des ouvrages que nous admirons encore. Ces peintres devoient former des élèves; mais ils se contentèrent de ne leur donner que des secrets d'un certain genre de couleurs, et se réservèrent pour eux. et pour leurs héritiers leurs belles et précieuses connoissances. D'un autre côté, on abandonna insensiblement les vitraux colorés, qui répandoient une sorte d'obscurité, pour les remplacer par les verres blancs, qui laissent librement passer la lumière ; de manière que l'art se perdit et que l'on finit par ne plus connoître les anciens procédés de la peinture sur verre. Ce n'est que depuis peu que l'on a tenté de les retrouver, et les essais qui ont été faits dans ce genre, donnent l'espoir de ramener cet art à sa première perfection. Il faut que les couleurs que l'on emploie à cette peinture soient de nature à se fondre sur le verre, qu'on met au feu quand il est peint.

VIELLE ( la ). La vielle, qui est aujourd'hui si méprisée chez nous, y a été jadis

en grand honneur. On l'a recherchée à la
cour de nos rois; de grands seigneurs s'en
sont accompagnés pour chanter leurs amours :
Thibaut, comte de Champagne, tâchoit
d'oublier, en jouant de la vielle, les rigueurs
de la reine Blanche. Cet instrument tire son
origine de l'ancienne lyre. Il étoit connu
des Grecs et des Romains.

VIN. Le vin est presqu'aussi ancien que
le monde : l'Histoire sainte nous présente
Noé comme ayant inventé l'art de le faire.
Les hommes ont de tout temps été si pas-
sionnés pour cette liqueur bienfaisante,
que les peuples idolâtres ont divinisé ceux
de leurs princes qui leur ont appris à cultiver la vigne, et à tirer de son fruit un
parti aussi avantageux. Les anciens regar-
doient les vins grecs comme les meilleurs
de tout l'univers, sur-tout ceux des îles
de Crète ou de Candie, de Chypre, de Les-
bos et de Chio. Les habitants de la Grèce
suivoient un procédé particulier pour faire
le vin : ils exposoient le raisin au soleil
pendant huit à dix jours, ensuite le tenoient à peu près autant de temps à l'ombre, et enfin le fouloient. Ils enfermoient
ensuite la liqueur, non dans des tonneaux,
mais dans de grandes cruches de terre, ou

dans des outres de peau. On prétend que ce sont les Gaulois établis le long du Pô qui ont inventé la manière de conserver le vin dans des vaisseaux de bois exactement fermés et cerclés.

VIOLE. C'est un instrument de musique à cordes, qui diffère peu du violon. Il nous est venu de l'Angleterre, où il avoit été apporté par le père du célèbre Ferabasco, excellent joueur de lyre.

VIOLON. L'invention du violon est très-ancienne : elle remonte aux premiers temps de la monarchie françoise. On ne sait qui en fut l'auteur.

VIOLONCELLE. Cet instrument de musique, aussi à cordes, fut inventé par Bonocini, maître de chapelle du roi de Portugal. Il a été mis en vogue chez nous par les sieurs Batistin Struck et l'Abbé.

VIS. C'est une des machines qui sont le plus souvent employées dans les arts mécaniques. Dans son emploi, il faut que la puissance fasse un tour entier, pour que sa résistance avance d'un pas. Les vis les plus célèbres sont la *vis d'Archimède et la vis sans fin.* La vis d'Archimède est, dans bien des occasions, très-utile pour élever les eaux. Elle est composée d'un tube, ou canal creux, incliné à l'horizon, qui tourne sur deux pivots, et d'un canal ou tuyau qui l'enveloppe : on l'incline sous un angle d'environ quarante-cinq degrés. L'orifice de la partie basse du canal creux ou de la vis est plongé dans l'eau. Lorsque, par le moyen d'une manivelle on fait tourner la vis, l'eau s'élève dans le tube spiral, et vient se décharger au haut.

*La vis sans fin* sert à enlever les fardeaux les plus lourds. Cette machine est composée d'une vis dont le cylindre ou noyau tourne toujours du même sens sur des pivots qui terminent ses deux extrémités. Les filets de cette vis, qui sont le plus souvent carrés, mènent, en tournant, une roue verticale dont ils engrennent les dents ; cette roue porte à son centre un rouleau avec une corde, à laquelle on attache le fardeau qu'on veut élever.

VITRES. On découvrit le verre long-temps avant de songer à s'en servir pour faire des vitres. Chez les anciens, les personnes les plus opulentes fermoient les ouvertures par lesquelles le jour pénétroit dans leurs habitations, avec des pierres transparentes, comme les agathes, l'albâtre, etc. Les pauvres restoient exposés aux incommodités du froid et du vent. Les vitres ont été inventées dans les pays froids, et elles étoient déjà en usage vers la fin du IVᵉ siècle. Il s'est cependant écoulé un long espace de temps avant qu'elles devinssent communes. Dans le XIVᵉ siècle les fenêtres de la plupart des maisons particulières n'étoient fermées que par des volets de bois et quelques carreaux de papier ou de canevas : on ne trouvoit de vitres que dans les habitations des gens riches, dans les hôtels des seigneurs et les palais des rois. Quelquefois ces vitres étoient ornées de peintures. ( Voyez *Peinture sur verre* ).

UNIVERSITÉS. Une université est une réunion de plusieurs colléges dans lesquels se suivent des cours de différentes sciences. Les universités se sont formées dans le XIIᵉ siècle. Les plus anciennes étoient celles de Paris, d'Oxford et de Cambridge en Angleterre, et de Bologne en Italie. Quelques auteurs veulent que celle de Paris ait été établie du temps même de Charlemagne. Il paroît cependant que ces auteurs remontent pour cette institution à un temps trop éloigné : il y avoit bien à Paris des

écoles publiques sous le règne de Charlemagne ; mais ce qu'on appelle proprement
l'Université n'a pris naissance que vers la
fin du règne de Louis le Jeune, et ce nom
d'université ne lui a été donné que sous Saint
Louis. Ce corps avoit autrefois de grands
priviléges ; les plus notables étoient de
députer aux conciles, de ne contribuer à
aucune charge de l'état, et d'avoir ses causes
commises devant le prévôt de Paris, qui
se glorifioit du titre de conservateur des
priviléges de l'université. On a entendu par
le mot *universités*, *écoles universelles*. La
révolution ayant entraîné la destruction
de ces utiles établissements, on en prit
occasion de réorganiser l'instruction publique
sur de nouvelles bases ; et c'est un des
nombreux bienfaits que la France doit à
ces derniers temps. L'*Université* a été
réinstituée par un décret, en date du 10
mai 1806.

VOILES DE VAISSEAUX. Les anciens
faisoient les voiles de leurs vaisseaux, de
lin, de chanvre, de jonc, de genêt, de
cuir, de peaux de bêtes. César nous apprend
que les Vénètes avoient des voiles de
cette dernière espèce. Du temps d'Homère
toutes les voiles étoient de lin. Les anciens

avoient trois sortes de voiles : la *triangu-laire*, comme on la connoît dans la Méditerranée ; la *carrée*, en usage dans les petits bâtiments ; et la *ronde*, que les Portugois ont retrouvée dans les Indes. Dans le principe, on ne se servoit des voiles qu'alors que les vents étoient favorables. On les faisoit quelquefois de couleur bleue. Dans la suite on les teignit en pourpre. Ce que Pline nous dit de la flotte d'Alexandre est propre à nous faire croire qu'il y avoit aussi des voiles de deux couleurs et à petits carreaux.

VOITURES. L'invention des voitures remonte à la plus haute antiquité. Les anciens avoient, comme nous, des voitures de plusieurs espèces. Chez les Romains, la voiture d'honneur étoit le *carpentum :* elle servit d'abord aux dames de qualité et aux vestales ; les empereurs et les impératrices s'en emparèrent ensuite ; on y atteloit des chevaux ou des mulets blancs. Outre les voitures roulantes, les anciens avoient des litières et des chaises à porteurs. Les Romains faisoient traîner leurs voitures de charge par des chevaux, des mulets ou des mules ; ils les atteloient toujours deux à deux, jamais un à un. C'est de l'Italie que nous est venue la *basterne*, l'une des pre-

mières voitures de luxe connues dans les
Gaules. La basterne n'étoit pas traînée, mais
portée par des bêtes. Il n'y a pas long-temps
que chez nous les voitures sont devenues
aussi communes, aussi commodes et aussi
magnifiques. Elles ont, dans ces derniers
temps, atteint le plus haut degré de perfection où elles semblent susceptibles de
parvenir. On en a vu qui contenoient jusqu'à des lits, et au moyen desquelles on
pouvoit voyager aussi commodément que si
l'on n'étoit pas sorti de sa chambre. La
mécanique a aussi fait de petits chefs-d'œuvres
en ce genre : des voitures ont publiquement
fourni des courses assez longues et assez
rapides, sans autre secours que celui des
ressorts intérieurs qui les faisoient mouvoir.
( Voyez *Carrosse.* )

VOLER *(art de).* Jusqu'à nos jours on
a regardé la possibilité de s'élever dans les
airs, comme une chimère qui ne pouvoit
entrer que dans la tête d'un fou. Cependant,
à force d'expériences, on a réussi : à l'aide
du ballon, l'homme est parvenu à traverser
les lieux qui ne sembloient destinés qu'aux
oiseaux. Il ne lui manque plus que de trouver les moyens de diriger sa voiture aérienne,
pour que sa découverte soit d'une utilité

réelle. Mais l'art de voler à la manière même des oiseaux, avec des ailes ajustées au corps, ne semble pas devoir jamais être en notre pouvoir. Pour peu que l'on réfléchisse sur les lois physiques, on verra que la construction de notre corps s'oppose absolument à ce que nous puissions nous soutenir dans les airs : quel appareil ne faudroit-il pas imaginer pour tenir l'homme en équilibre dans l'atmosphère? Si l'on vient à le comparer avec l'oiseau, on remarquera que les muscles de ses bras, sur le poids entier de son corps, ne font pas un centième; tandis que, dans les volatiles, les muscles qui font mouvoir leurs ailes, sont la sixième partie du poids de leur corps.

Toutes ces considérations n'ont point rebuté les téméraires qui ont voulu renouveler l'entreprise d'Icare; et la mort de plusieurs n'a point arrêté et n'arrêtera point ceux qui croient à la possibilité d'une pareille découverte. En 1660, un nommé *Kook* inventa différentes manières de voler, et en fit l'essai. Dans le siècle dernier, un fou nommé *Baqueville* imagina un appareil qui lui permit de s'élancer d'une fenêtre de sa maison, au coin de la rue des Saints-Pères, à Paris, jusqu'au milieu de la rivière, où il tomba sur un bateau et

16

se cassa la cuisse. Malgré sa triste aven‑
ture, il falloit que son invention fût encore
assez ingénieuse, puisqu'elle le soutint dans
un pareil trajet. Un autre inventeur, qui
n'étoit guère plus sage, voulut aussi, en
1799, traverser les airs; mais, moins en‑
treprenant, il se contentoit d'annoncer qu'il
parcourroit un certain espace, en descen‑
dant, à partir de la colonne où il devoit se
hisser : il tomba comme une masse au pied
même de la colonne.

Enfin, au moment où nous écrivons
( mois de juin 1812 ), nous venons de
voir un homme s'élever vers le ciel et
planer comme les oiseaux avec des ailes,
dont il battoit l'air à sa volonté. La petite
différence qu'il y avoit entre lui et les vola‑
tiles, c'est qu'il étoit soutenu par un ballon.
A la vérité, ce ballon n'étoit pas d'un vo‑
lume assez considérable pour l'enlever; il ne
lui servoit qu'à aider son vol et à lui procu‑
rer des moyens de repos. Il étoit attaché au‑
dessous dans une position verticale, et de
manière à pouvoir faire usage de ses ailes.
Il avoit promis qu'il se dirigeroit à sa vo‑
lonté; mais la violence du vent l'en em‑
pêcha : dans un jour plus calme, peut-être
tiendra-t-il sa promesse. Quoi qu'il en soit,
son invention et son courage méritent de

grands éloges. Sa découverte peut se perfectionner, et c'est déjà beaucoup que d'avoir eu
la hardiesse d'entreprendre. Cet ingénieux
mécanicien est de Vienne en Autriche, et
se nomme *Degen*.

# Z

ZIMOSIMÈTRE. On nomme ainsi un
instrument propre à mesurer la chaleur du
sang des animaux, et le degré de fermentation dans le mélange des matières. Depuis
la perfection des thermomètres il n'est presque plus en usage. On ignore le nom de
son inventeur.

ZINC. Le zinc a beaucoup d'analogie avec
l'étain, et il est propre à presque tous les
mêmes usages. On le fait entrer dans plusieurs des alliages* avec lesquels on imite
l'or, comme le tombac, le similor, le pins-
beck, le métal du prince Robert. Il faut
que le zinc soit pur, pour reproduire un similor vraiment beau et sur-tout ductile. Lorsque rien d'étranger ne s'est mêlé à lui, il
a la propriété de ne pouvoir être attaqué
par le soufre ; et c'est même à cela que l'on
reconnoît sa pureté. Le zinc mêlé au cuivre
en fait un beau cuivre jaune. M. *Guyton*

*de Morveau* a trouvé le moyen de tirer de son oxide un blanc préférable, pour la peinture, au blanc de céruse. M. *Vincent de Montpetit* veut aussi qu'il puisse être substitué au blanc de plomb, si souvent funeste, soit dans la peinture en tableaux, soit dans celle des bâtiments.

FIN.

# LIBRAIRIE D'ÉDUCATION

## DE PIERRE BLANCHARD,

Galerie Montesquieu, n° 1, au premier, sur le cloître Saint-Honoré.

---

NOTA. M. PIERRE BLANCHARD étant en relation avec presque tous les Libraires de France, on peut se procurer les Ouvrages ci-dessous désignés partout et avec facilité.

---

*Beauté de l'Histoire de France*, par *Pierre Blanchard;* SEPTIÈME ÉDITION. 1 v. in-12 de 460 pages, avec 8 fig. Prix, 3 fr.

*Tableau de la nature et des bienfaits de la Providence.* 1 vol. in-12, fig. 3 fr.

*Contes d'une Mère à sa Fille*, par madame Mallès de Beaulieu. 2 vol. in-12, ornés de 12 jolies gravures, avec une couverture imprimée, 6 fr.

*L'Ami des Jeunes Demoiselles*, ou Conseils aux jeunes personnes qui entrent dans le monde. 2 vol. in-12, ornés de 9 jolies fig., avec une couverture imprimée. Prix, 5 fr.

*Le Retour des Fées*, Contes par madame la comtesse de Choiseul. 2 vol. in-12, ornés de 10 grav. 5 fr.

*Le Robinson de douze ans*, histoire curieuse d'un jeune mousse abandonné dans une île déserte. 1 vol. in-12, fig. Prix, 2 fr. 50 c.

*Eugénie*, ou le Calendrier de la Jeunesse, par madame *de Flamanville*. 1 vol. in-12, orné de 6 jolies fig. Prix, 2 fr. 50 c.

*Petit Tableau des Arts et Métiers*, ou les Questions de l'Enfance. 1 vol. in-12, fig. Prix, 2 fr.

*Petit Voyage autour du Monde*, ouvrage propre à préparer les enfans à l'étude de la géographie, par P. Blanchard. 1 vol. in-12, fig. Prix, 2 fr.

*Les Jeunes Enfans*, contes, par P. Blanchard. 1 vol. in-12, imprimé en gros caractère, orné de 6 jolies figures; troisième édition. Prix, 2 fr.

*Contes à ma jeune famille*, par madame Mallès de Beaulieu. 1 vol. in-12, fig. Prix, 2 fr.

*Les Délassemens de l'Enfance*, par Pierre Blanchard; troisième édition. 6 vol. in-18, ornés de 24 jolies fig. Prix, 9 fr.

*L'Ami des Petits Enfans*, ou les Contes les plus simples de *Berquin*, *Campe* et *Pierre Blanchard*; troisième édition. 2 vol. in-18, ornés de jolies figures. Prix, 2 fr. 50 cent.

*Petit Dictionnaire des Inventions*, 1 fort vol. in-18, fig. Prix, 1 fr. 50 cent.

*Modèles des Enfans*, 1 vol. in-18, figures; septième édition. Prix, 1 fr. 25 cent.

*Modèles des Jeunes Personnes*, 1 vol. in-18, fig.; cinquième édition. Prix, 1 fr. 25 cent.

*Modèles de la Jeunesse Chrétienne*, 1 vol. in-18, figures; seconde édition. Prix, 1 fr. 25 cent.

*Les Accidens de l'Enfance*, présentés dans de petites historiettes propres à détourner les enfans des actions qui leur seroient nuisibles, par *Pierre Blanchard*. 1 vol. in-18, fig.; quatrième édition. Prix, 1 fr. 25 cent.

*Les Enfans studieux*, quatrième édition. 1 vol. in-18, fig. Prix, 1 fr. 25 c.

*Premières connoissances*, à l'usage des enfans qui commencent à lire. 1 vol. in-18, fig.; quatrième édit. Prix, 1 fr. 25 cent.

*Présent d'une Sœur à son Frère*, et d'un Frère

à sa *Sœur*, petits contes. 1 vol. in-18, fig. ;
seconde édition. Prix, 1 fr. 25 cent.

*Le Lafontaine des Enfans*, ou Choix des Fables
de La Fontaine, les plus simples et les plus morales ; troisième édition. 1 vol. in-18, figures.
Prix, 1 fr. 25 cent.

*Les petits Peureux corrigés*, 1 vol. in-18, fig.
Prix, 1 fr. 25 cent.

*Dictionnaire des Locutions vicieuses* les plus
communes, et des mots dénaturés ou mal employés. 1 vol. in-18. Prix, 1 fr. 25 cent.

*Le Secrétaire des Enfans*, 1 vol. in-18. Prix,
1 fr. 25 cent.

*Petit Télémaque*, ou Précis des aventures de
Télémaque. 1 vol. in-18, fig. Prix, 1 fr. 25 c.

*Vie du jeune Louis XVII*, écrite en faveur de
la jeunesse ; deuxième édition. 1 vol. in-18, fig.
Prix, 1 fr. 25 cent.

*Vie de Sainte Geneviève*, patrone de Paris, 1 vol.
in-18 ; jolie édition, ornée de 4 fig. Prix, 1 fr. 25 c.

*La Grammaire en Dialogue*, par *le Vallois*. 1 vol.
in-12. Prix, 1 fr.

*La Géographie en Estampes*, ou les Mœurs et les
Costumes des Peuples. 1 vol. in-8° oblong avec
couverture cartonnée et imprimée, et orné de 50
planches. Prix, 8 fr.

*Le Miroir des Enfans*, estampes morales, cahier
in-16 oblong, cartonné, avec une couverture
imprimée ; seconde édition. Prix, 1 fr. 50 cent.

*Le petit Enfant prodigue*, 1 cahier oblong, orné
de 16 jolies grav. ; seconde édit. Prix, 1 fr. 80 c.

*Le Petit Conteur*, cahier in-8° oblong, orné de
12 jolies gravures ; couverture cartonnée et imprimée. Prix, 1 fr. 80 cent.

*Joseph et ses Frères*, 1 cahier in-16 oblong, fig. et couverture cart. et imprimée. Prix, 1 fr. 25 c.

*Histoire surprenante de Jacques le vainqueur des Géans*, conte d'enfant. 1 cahier in-16 oblong, fig. Prix, 1 fr. 25 cent.

*La Journée des Enfans*, 1 vol. in-32, cartonné et orné de 19 jolies figures. Prix, 1 fr. 50 c.

*La Petite Ménagerie*, histoire des animaux. 1 vol. in-32 oblong, orné de 24 jolies figures; couverture cartonnée et imprimée; seconde édition. Prix, 1 fr. 50 cent.

*La Civilité en Estampes*, in-8° oblond, carton. 2 f.

*Les Bons Exemples*, gravures morales et amusantes, in-8° oblong, cartonné. Prix, 2 fr.

*Promenades amusantes d'une jeune Famille dans les environs de Paris.* 1 cahier oblong, jolies gravures, couverture imprimée et cartonnée. Prix, 2 fr. 50 cent.

*Le Jeune Dessinateur*, ou Études de paysages, fleurs et animaux; cahier oblong, orné de 23 gravures, couverture cart. et imprimée. Prix, 3 fr.

*La Poupée bien élevée*, cahier in-8° oblong, orné de 12 jolies gravures, couverture cartonnée et imprimée. Prix, 3 fr.

*La Maison que Pierre a bâtie*, cahier in-16, orné de 10 gravures. Prix, 60 cent.

*Abécédaire des Petites Demoiselles*, in-12, orné de jolies figures. Prix, 75 cent.; et colorié 1 fr.

*Abécédaire des Petits Garçons*, in-12, fig. Prix, 75 cent.; et colorié 1 fr.

*Le Livre des Petits Enfans*, abécédaire in-12, fig. Prix, 75 cent.; color. 1 fr.

*Petit Quadrille des Enfans*, abécédaire in-12, fig. Prix, 75 cent.; color. 1 fr.

*Abécédaire Géographique*, in-12, figures. Prix ;
75 cent.; color. 1 fr.

*Les Fleurs et les Fruits*, abécédaire in-12, fig.
Prix, 75 cent.; color. 1 fr.

*Petit Abécédaire amusant*, in-32 oblong, 12 fig.
color. Prix, 60 cent.

*L'Abécédaire des Campagnes*, in-18, orné de 4
planches coloriées. Prix, 40 cent.

*L'Abécédaire des Ecoles Chrétiennes*, in-18, avec
4 planches coloriées. Prix, 40 cent.

*Histoire de S. M. Louis XVIII*, depuis sa naissance jusqu'au traité de paix de 1815. 1 vol.
in-8°, orné d'un beau portrait et d'un titre gravé.
Prix, 6 fr.

*Vie impartiale du général Moreau*. 1 vol. in-12,
portrait. Prix, 2 fr.

*Bibliothèque des Souvenirs*, ou Anecdotes cu-
rieuses et Faits historiques publiés depuis le 31
mars 1814. 1 vol. in-12. Prix, 2 fr.

*Raymond*, par *Louis-Aimé Martin*. 1 vol. in-8°;
belle figure. Prix, 4 fr.

*Le Guide des Locataires* et des Propriétaires dans
leurs intérêts réciproques. 1 vol. in-12. Prix, 2 fr.

*Histoire des Batailles, Siéges et Combats des
Français*, depuis 1792 jusqu'en 1815. 4 vol.
in-8°. Prix, 24 fr.

## SOUSCRIPTION.

*Journal de la Jeunesse*, publié par *Pierre Blanchard*, paraissant une fois par semaine. — Prix
pour l'année, 12 fr.

www.ingramcontent.com/pod-product-compliance
Lightning Source LLC
Chambersburg PA
CBHW070254200326
41518CB00010B/1787